风暴潮灾害风险评估技术方法体系构建与实证研究

石先武　国志兴　谭　骏　邱桔斐　著

海洋出版社

2021 年·北京

图书在版编目（CIP）数据

风暴潮灾害风险评估技术方法体系构建与实证研究 /
石先武等著. —北京：海洋出版社，2021.10
ISBN 978-7-5210-0830-2

Ⅰ.①风…　Ⅱ.①石…　Ⅲ.①台风灾害–自然灾害–
风险评价–技术体系　Ⅳ.①P425.6

中国版本图书馆 CIP 数据核字（2021）第 209158 号

审图号：GS（2021）8589 号

责任编辑：程净净
责任印制：安　淼

海洋出版社　出版发行

http：//www.oceanpress.com.cn
北京市海淀区大慧寺路 8 号　邮编：100081
鸿博昊天科技有限公司印刷　新华书店北京发行所经销
2021 年 10 月第 1 版　2021 年 10 月北京第 1 次印刷
开本：787mm×1092mm　1/16　印张：7.75
字数：180 千字　定价：78.00 元
发行部：010-62100090　邮购部：010-62100072　总编室：010-62100034
海洋版图书印、装错误可随时退换

前　言

我国是世界上受风暴潮灾害影响最严重的国家之一。登陆我国的台风和强温带天气过程往往造成风暴潮灾害，其成灾频率高、致灾强度大，导致的人员和经济损失惨重。随着经济社会的快速发展，我国沿海地区面临的风暴潮灾害风险比历史上任何时期都更为严峻。特别是在全球气候变化的大背景下，我国极端天气气候事件明显增多，风暴潮灾害的形成机理、发生规律、时空特征和损失程度都呈现出新的特点，强潮和巨浪次数明显增多，极端风暴潮巨灾事件在我国沿海地区发生的可能性也不容忽视。风暴潮灾害关注的重点从减少灾害损失逐渐向减轻灾害风险转移。开展风暴潮灾害风险评估研究，建立科学适用的风暴潮灾害风险评估技术方法体系，对推进我国风暴潮灾害风险评估工作有重要的现实意义。

目前，国内外基本建立了风暴潮灾害预警报业务化体系，开展了大量风暴潮灾害风险的探索性研究，然而，一套自上而下的风暴潮灾害风险评估技术体系仍然缺乏，亟须构建一套成熟的技术体系科学开展风暴潮灾害风险评估，形成面向不同层级行政管理部门风暴潮防灾减灾需求的风险评估产品。本书以风暴潮灾害风险评估为切入点，以提高我国风暴潮灾害风险评估能力为研究目标，构建一套科学的、适用的、符合我国沿海地区灾害特征的风暴潮灾害风险评估的基础理论框架和技术方法体系，科学评估我国沿海地区风暴潮灾害风险。面向国家、省、县 3 个不同尺度风暴潮灾害风险评估需求，选择全国沿海、河北省、上海市金山区开展 3 个尺度的实证研究，主要结论如下：

（1）风暴潮灾害致灾因子众多，包括风暴增水、天文潮、近岸浪和风暴减水等，针对风暴潮致灾特点提出了受风暴潮灾害影响承灾体的主要致灾形式。风暴潮灾害风险系统由风暴潮灾害致灾因子、承灾体及孕灾环境共同构成，风暴潮灾害风险的评估主要包括致灾因子的量化评估和考虑孕灾环境影响下的承灾体的脆弱性评估，以及二者的综合。基于风暴增水、超警戒潮位和淹没水深已有研究，提出了一套风暴潮灾害危险性等级划分方案，阐述了风暴潮灾害 Ⅰ、Ⅱ、Ⅲ、Ⅳ 4 个风险等级的意义和内涵。

（2）依据风暴潮灾害风险评估不同的应用目标、技术方法、评估内容和评估单元，本书将风暴潮灾害风险评估分为国家、省、县 3 个不同的尺度，针对不同尺度分别提出了一套风暴潮灾害风险评估方法。以基础地理信息要素为底图，以合理突出灾害风险专题要素为原则，通过符号设计和色彩设计等手段向用图者传递风暴潮

1

灾害风险等级和风险分布信息，提出了一套风暴潮灾害风险图制图方案。

（3）以全国沿海地区为典型案例，开展了国家尺度风暴潮灾害危险性评估技术方法实证研究。基于沿海地区验潮站和水文站历史观测资料，从多个角度开展我国沿海地区风暴潮灾害危险性评价，分析了不同重现期（2 a，5 a，10 a，20 a，50 a，100 a，200 a，500 a，1 000 a）风暴增水和超警戒潮位空间分布特征，一般潮灾、较大潮灾、严重潮灾和特大潮灾的发生频率，揭示了不同等级潮灾的发生频率在我国沿海的空间分布特征。考虑风暴增水和超警戒潮位的期望，科学评估了我国沿海10 km岸段和以县为单元的风暴潮灾害危险性等级分布，结果表明，渤海湾底部沿岸、莱州湾沿岸、长江口沿岸、福建北部福州到浙江南部台州、广东惠州、珠江口到阳江、雷州半岛东部沿岸是我国沿海地区风暴潮灾害高危险区。

（4）以河北省为典型案例，开展了省尺度风暴潮灾害风险评估和区划技术方法的实证研究。利用风暴潮数值模式和数据同化的计算成果，获得河北省沿海2′岸段典型重现期风暴增水和超警戒潮位分布。以沿海乡镇为单元开展了河北省风暴潮灾害危险性评估，利用河北省土地利用一级分布类型和重要承灾体分布，开展了河北省沿海各乡镇风暴潮灾害脆弱性评估。考虑河北省沿海各县人口、地区生产总值以及养殖业产值分布，开展了河北省沿海各县风暴潮灾害承灾体脆弱性评估。在此基础上，综合评估了河北省沿海乡镇风暴潮灾害风险等级分布，并提出了河北省风暴潮防灾减灾对策与建议。研究结果表明，从沿海各乡镇角度分析，河北省沿海2个乡（镇）处于Ⅰ级风险等级区，5个乡（镇）处于Ⅱ级风险等级区，13个乡（镇）处于Ⅲ级风险等级区，22个乡（镇）处于Ⅳ级风险等级区，其中唐山市的曹妃甸区滨海镇和沧州市的黄骅镇是河北省沿海乡（镇）的Ⅰ级风险区；从沿海各县角度分析，Ⅰ级风险等级区2个县，Ⅱ级风险等级区2个县，Ⅲ级风险等级区4个县，Ⅳ级风险等级区3个县，其中唐山市滦南县和丰南区是河北省沿海县的Ⅰ级风险等级区。

（5）以上海市金山区为典型案例，开展了县尺度风暴潮灾害风险评估和区划技术方法的实证研究。建立了上海市金山区高精度风暴潮数值模式，基于历史典型风暴潮灾害过程设计上海市金山区引发风暴潮的可能最大台风关键参数和最严重温带天气系统，计算上海市金山区可能最大台风和温带风暴潮淹没范围及水深分布，并进行了上海市金山区风暴潮灾害危险性等级划分，基于土地利用类型和重要承灾体分布对上海市金山区风暴潮灾害脆弱性进行等级评估，综合考虑风暴潮灾害致灾因子危险性和承灾体的脆弱性，开展了上海市金山区风暴潮灾害风险等级评估。结果表明，上海市金山区整体风暴潮灾害风险较高，金山区石化街道、山阳镇临海大部分区域以及枫泾镇、朱泾镇、亭林镇部分区域处于风暴灾害Ⅰ级风险等级区。

本书的出版得到了国家重点研发计划课题"多灾种重大自然灾害承灾体脆弱性与恢复力评估技术"（2018YFC1508802）和国家自然科学基金项目"基于多元Copula函数的区域典型重现期风暴潮估计方法研究"（41701596）的支持。本书由石先武、国志兴、谭骏、邱桔斐等编写，其中石先武负责编写大纲的拟定和全书的统稿。各章节主要任务分工为：第1章、第2章和第6章由石先武编写，第3章由石先武、国志兴、谭骏编写，第4章由国志兴、石先武编写，第5章由石先武、邱桔斐编写。浙江大学的孙志林教授对本书的内容提出了宝贵意见，北京师范大学的徐伟教授对本书的出版给予了诸多支持和帮助，海洋出版社的程净净编辑为本书的编辑、校对付出了辛勤的劳动，在此一并致谢。

应该指出，作者在编写本书过程中付出了极大的努力，但由于水平有限，书中难免有疏漏或错误之处，恳请同行专家和读者不吝赐教，以便今后进一步修改与完善。

目 录

1 概　述

1.1 研究背景

　　风暴潮指由强烈大气扰动如热带气旋、强温带天气过程等引起的海面异常升高，使其影响海域的潮位大大地超过平常潮位的现象（冯士筰，1982）。它具有数小时至数天的周期，通常叠加在正常潮位之上，而风浪、涌浪（具有数秒的周期）叠加在前二者之上。按照风暴潮发生的诱因，把风暴潮分为由热带气旋所引起的台风风暴潮和由强温带天气过程引起的温带风暴潮两大类。我国地处西北太平洋西岸，大陆海岸线超过 18 000 km，是世界上受风暴潮灾害影响最严重的国家之一。登陆我国的台风和强温带天气过程往往造成风暴潮灾害，其成灾频率高、致灾强度大，造成的人员和经济损失惨重。

　　风暴潮可表征为海面的波动，增水过程以能量波的形式传播，包括初振、主振和余振 3 个阶段（冯士筰等，1999）。台风尚未登陆之前，近岸已经受到影响，初振阶段潮位呈微小上升或缓慢下降趋势；台风逼近或过境时，近岸水位急剧上升，潮高可达数米，最大增水值一般在主振阶段发生；主振之后，沿岸海面还存在一系列的余振，余振阶段海面仍有异常的升高或降低，出现"假潮"现象。"假潮"最危险的情形发生在与天文潮高潮相遇时，虽然风暴增水不大，但此时形成的实际水位极易超过警戒水位，从而再次泛滥成灾，由于这种情况出乎意料，一旦缺乏警惕，容易酿成巨大损失。我国沿海省市海岸线曲折复杂，众多港湾深入内陆，而风暴潮对于复杂的微地形特别敏感，呈喇叭口形状的海岸带和河口地区风暴潮均较大，如渤海湾、莱州湾、长江口、杭州湾、珠江口、雷州半岛等沿海地区，这些微地形地貌更加有利于海水的内侵引起风暴潮灾害。沿岸的堤坝、海防等基础设施对风暴潮具有抵御作用，但是一旦风暴潮过大，引起溃坝、溃堤等现象时，入侵的潮水不能及时排出，会在陆地造成更大的财产损失和人员伤亡。

　　风暴潮灾害给我国沿海地区带来严重的人员伤亡和财产损失。2006 年 0608 号"桑美"台风在浙江省苍南县马站镇登陆，恰逢天文大潮期，引发的特大风暴潮灾害造成浙江、福建两省 230 人死亡，直接经济损失超过 70 亿元（国家海洋局，2007）；2014 年超强台风"威马逊"是近 40 年以来登陆海南的最强台风，风暴潮造成海南、广东和广西 3 省份直接经济损失超过 80 亿元（国家海洋局，2015）。据统

1

计，近 10 年来（2010—2019 年），海洋灾害共导致我国沿海各地直接经济损失 1 001.22 亿元，死亡（含失踪）628 人。在海洋灾害所有灾种中，风暴潮灾害导致直接经济损失（865.90 亿元）最为严重，约占总直接经济损失的 86%。

随着我国沿海地区经济社会的快速发展，其面临的风暴潮灾害风险比历史上任何时期都更为严峻（图 1.1）。国际上一般认为海拔 5 m 以下的海岸区域为海洋灾害的危险区域，我国沿海这类低洼地区面积约 14.39×10^4 km²，常住人口 7 000 多万，约为全世界处于危险区域人口总数的 27%。特别是在全球气候变化的大背景下，我国极端天气气候事件明显增多，风暴潮灾害的形成机理、发生规律、时空特征和损失程度都呈现出新的特点，强潮、巨浪次数明显增多，极端风暴潮巨灾事件在我国沿海地区发生的可能性也不容忽视。

图 1.1　风暴潮灾害对海岸带地区的影响

1.2　研究意义

《中共中央 国务院关于推进防灾减灾救灾体制机制改革的意见》（中发〔2016〕35 号）提出"坚持以防为主、防抗救相结合，坚持常态减灾和非常态救灾相统一，努力实现从注重灾后救助向注重灾前预防转变，从应对单一灾种向综合减灾转变，从减少灾害损失向减轻灾害风险转变"（即"两个坚持，三个转变"）的防灾减灾救灾工作总要求，减轻灾害风险受到越来越多的关注。《中共中央 国务院关于完善主体功能区战略和制度的若干意见》（中发〔2017〕27 号）提出"统筹陆海空间"

的战略取向，对实施海陆统筹的海洋灾害风险防控提出了明确要求。2018 年 10 月，习近平总书记在中央财经委员会第三次会议上指出，"加强自然灾害防治关系国计民生，要建立高效科学的自然灾害防治体系，提高全社会自然灾害防治能力，为保护人民群众生命财产安全和国家安全提供有力保障"，明确提出"实施灾害风险调查和重点隐患排查工程，掌握风险隐患底数"，海洋灾害风险调查和重点隐患排查作为六个行业部门灾种之一被纳入其中，而风暴潮灾害是海洋灾害中最重要的灾种。

随着预警报水平的提高，风暴潮灾害因灾死亡人数显著减少（Shi et al.，2015），风暴潮灾害关注的重点从减少灾害损失逐渐向减轻灾害风险转移，风暴潮灾害风险的研究越来越受到重视。同时，我国沿海地区社会经济快速发展，工业化和城镇化进程加快，人口密度和社会财富急剧增加，受全球气候变化和海平面上升的影响，引发风暴潮的天气过程呈增强趋势，沿海风暴潮灾害风险水平显著增加，未来风暴潮灾害研究将成为人们日益关注的焦点（赵庆良等，2007；殷杰，2011）。科学认识风暴潮灾害及其风险，提高我国沿海风暴潮灾害应对能力，对我国沿海社会经济可持续发展具有重要的实际意义。

海岸带作为陆地和海洋复合交叉的地理空间单元，海岸动力与沿岸陆地相互作用、具有海陆过渡特点的独立环境体系，受风暴潮灾害的影响也最为严重。由于缺乏科学有效的风暴潮灾害风险评估和区划成果作为依据，在各类沿海区域经济发展规划的编制、沿海工程项目的审批和建设中普遍对风暴潮灾害风险评估不足；已建和在建的沿海工程设防标准和实际防御能力是否满足区域内风暴潮灾害应对需要，没有专门的风险评估技术体系进行理论指导，普遍存在对风暴潮灾害风险考虑不足、防范措施不够的问题。我国正在编制的"海岸带开发利用保护总体规划"中，考虑将海洋灾害特别是风暴潮灾害的影响作为海岸带分区分级的重要风险要素。开展风暴潮灾害风险评估研究，形成科学适用的风暴潮灾害风险评估成果，对海岸带地区的海洋灾害防灾减灾体系的构建发挥至关重要的作用。

2011 年 3 月 11 日，日本地震海啸后，海洋灾害风险管理方面的科学研究和业务工作受到了各国政府的广泛关注，我国启动了海洋灾害风险评估和区划工作，将风暴潮灾害列为海洋灾害风险评估和区划工作的主要灾种。该项工作旨在建立一套科学的风暴潮灾害风险评估和区划技术方法体系，在全国沿海地区进行推广应用，摸清我国沿海地区风暴潮灾害风险的分布。开展风暴潮灾害风险评估研究，建立科学适用的风暴潮灾害风险评估技术方法体系，对推进我国风暴潮灾害风险评估工作有重要的现实意义。

1.3　国内外研究进展综述

1.3.1　风暴潮灾害危险性评估进展

风暴潮灾害危险性评估是风暴潮灾害风险评估和区划工作的重要组成部分，目的是针对灾害的自然属性即致灾强度进行评估，主要内容包括风暴潮过程的数值模拟、典型重现期风暴潮估计、可能最大风暴潮计算。风暴潮致灾机理的研究在过去数十年取得了极大的进展，对一次确定性过程的风暴潮灾害数值模拟精度有了显著提高。20 世纪 50 年代欧美开始了对风暴潮的数值预报研究，现已建立了较为成熟的数值模式，如美国的 SLOSH 模式、英国的 SEA 模式、荷兰的 DSCM 模式、澳大利亚的 GCOM2D/3D 模式、加勒比海地区的 TAOS、丹麦的 MIKE12、荷兰的 DELFT3D 等商业模型系统在世界不同地区得到了实际应用（董剑希等，2008）。此外，印度、日本和孟加拉国等风暴潮易发地区基于 SLOSH、SPLASH 等模式，结合当地风暴潮分布特征建立了业务化的区域风暴潮数值预报模型。20 世纪 70 年代，我国开始研发风暴潮数值模式，在"七五""八五""十五"和"十一五"国家科技项目的支持下，建立了我国风暴潮数值预报业务化系统，并在预警报中实现业务化应用，提高了我国风暴潮灾害的预警报能力（宋学家等，2005）。

1.3.1.1 典型重现期风暴潮估计

典型重现期风暴潮（Typical Return Period Storm Surge，TRPS）估计是一种基于频率分析的手段，给出一个区域未来发生不同严重程度风暴潮的可能性，是对研究区风暴潮危险性长期特征的反映。百年一遇的风暴潮并不指该区域在 100 年内风暴潮危险性事件必然发生，而是指该区域每年发生这种极端事件的可能性达到了 0.01。典型风暴潮重现期的估计为沿岸重点工程设计提供了参考标准，以便决策方在工程建设成本和风暴潮防护能力上做出综合评估从而进行效益的最优选择。

基于历史实测资料的风暴潮重现期估计方法主要有经典参数统计分析方法和联合概率分布方法（表 1.1）。经典参数统计分析方法在工程设计典型风暴潮重现期中得到了广泛的应用，针对潮位或浪高等单要素的典型重现期计算，《海堤工程设计规范》（GB/T 51015—2014）中推荐耿贝尔分布或皮尔逊-Ⅲ型分布，许多学者对韦伯分布、柯西分布、广义极值分布、帕累托分布、对数正态分布、指数分布等参数模型也做过尝试（Todd and WJ，2000；王喜年和陈祥福，1984；仇学艳等，2001；Coles，2007；梁海燕和邹欣庆，2004）。采用这些参数分布模型时，观测样本序列的长短或参数估计方法的不同都会对重现期计算结果产生影响。

针对天文潮、风暴增水、海浪等多要素的重现期计算，多采用建立联合概率分布的方法，构建多要素连续或离散的累积概率分布（董胜等，2005）。王超（1986）在计算天文潮和风暴潮增水叠加的重现期时考虑了时间位相差，提出了风暴增水过程与天文潮变化过程随机组合的概率分析方法。方国洪等（1993）基于沿海 10 个代表性长期验潮站历史观测数据，通过建立潮汐和余水位的条件联合概率分布，认为联合概率方法比传统的极值分布更能充分利用潮位观测资料，并对比分析了联合概率法、相似法、经验统计法、同比差比法估算典型重现期水位的差异性和适用性。刘德辅等（2010；Liu et al.，2009）将复合的极值分布方法用于计算核电站等沿海重点工程的典型重现期风暴潮，并对比了复合极值分布与其他经验分布方法的差别。

4

但必须注意的是，潮汐的分布具有周期性的，而风暴潮增水的分布是非周期性的，计算不同重现期的天文大潮不符合潮汐特征。此外，Copula 模型、非参数估计等概率分析方法在典型重现期风暴潮的估计中的应用值得深入探讨（武占科等，2010；Silverman，1986）。

表 1.1　典型重现期风暴潮不同计算方法对比

研究对象	采用方法	主要特点	不足之处	文献来源
潮位或浪高等单要素	耿贝尔或皮尔逊-Ⅲ型分布	计算简单，适用性强，需要一定时间序列观测资料	计算结果受样本序列长短和参数估计方法影响	（中华人民共和国交通运输部，2000）
	韦伯分布、柯西分布、广义极值分布、帕累托分布等	适当考虑了极端事件，帕累托分布改进了抽样方法		（Todd and W J，2000；王喜年和陈祥福，1984；仇学艳等，2001；Coles，2007；梁海燕和邹欣庆，2004）
	复合极值分布	充分考虑极端事件发生		（刘德辅等，2010；Liu et al.，2009）
天文潮、风暴增水、海浪等多要素	随机组合的联合概率分布	考虑了时间相位差	计算复杂，依赖于观测资料精度	（王超，1986）
	条件概率分布	充分利用历史观测资料，具有较好适用性	受观测资料序列长短影响	（方国洪等，1993）
	JPM	基于历史观测资料扩充样本，充分考虑极端事件	计算维度高，计算量大	（Toro et al.，2010；Resio et al.，2009）
	JPM-OS	通过离散求积和响应曲面分析极大减少了 JPM 计算量	不能避免热带气旋关键参数之间相关性	（Toro et al.，2010；FEMA，2012；Irish et al.，2009）

　　经验统计方法受限于历史观测资料的长短，在考虑尾部极端风暴潮灾害事件以及局部区域样本过少时存在较大不确定性。为了克服历史观测样本数量上和质量上的不足，国际上发展了随机模拟扩充热带气旋样本的方法。

　　一种思路是 Vickery（2000）提出的全热带气旋路径模拟。从风暴潮的驱动因子出发，基于历史热带气旋的年频次、季节分布、路径分布、强度及影响范围规律，得出其统计概率特征，模拟热带气旋的生成、发展、消亡，生成大量热带气旋路径及强度完整事件样本，以此为驱动输入，利用风暴潮数值模式，模拟每一次热带气旋随机事件的增水过程，再采用频率分析方法计算不同重现期的风暴潮增水或潮位，从而进行风暴潮灾害危险性的定量分析（Emanuel et al.，2006；Graf et al.，2009；Yasuda et al.，2011；Nong et al.，2010；Lin et al.，2010；方伟华和石先武，2012）。

另外一种思路是通过联合概率方法（Joint Probability Method，JPM）直接设定热带气旋关键参数。首先，建立热带气旋中心气压、最大风速半径、前移速度、前移方向、生成位置等关键参数的概率分布，分析热带气旋关键参数与增水之间的经验统计关系，再建立热带气旋关键参数的联合概率分布；然后，进行参数组合形成热带气旋假想事件，模拟每一次假想事件的增水过程（Toro et al.，2010；Resio et al.，2009）。由于 JPM 涉及热带气旋关键参数过多，导致联合概率计算维度高并且计算量特别大，进而提出了 JPM 的优化方法（Joint Probability Method-Optimal Sampling，JPM-OS），主要是通过离散求积分（Toro et al.，2010）和响应曲面分析（FEMA，2012；Irish et al.，2009）等手段减少计算量，前者是将热带气旋关键参数离散化再抽取样本；后者是构建热带气旋关键参数和风暴潮增水之间无量纲的函数，通过敏感性分析方法建立热带气旋位置、中心气压差、最大风速半径和风暴增水之间的无量纲定量响应关系。JPM 及 JPM-OS 的前提假设是热带气旋 6 个关键参数是独立同变量，而实际上中心气压差与最大风速半径等参数存在极大相关性。随机模拟可以解决局部区域历史观测样本不足的问题，但对计算要求较高。JPM 及 JPM-OS 在美国纽约港、密西西比河沿岸被进行了充分案例研究，并且推广用于美国东海岸的风暴潮危险性分析以及沿岸风暴潮的风险区划（Resio et al.，2009；Toro，2008）。

1.3.1.2 可能最大风暴潮计算

美国土木工程界在 20 世纪 60 年代提出了可能最大暴雨和可能最大洪水的概念（王国安，2008），与典型重现期水位设计标准配合使用，为工程建设提供设计参考标准。针对石油钻井平台、核电站等重点防护目标，工程设计领域引进了可能最大风暴潮（Probable Maximum Storm Surge，PMSS）。

王喜年（2002）认为 PMSS 的计算应包括 3 个步骤：①选择可靠的风暴潮模式；②确定可能最大热带气旋（Probable Maximum Hurricane，PMH）关键参数；③确定PMH 移动路径。PMH 是一种假想的平稳状态的热带气旋，它是根据可以在待定海岸地区发生最大持续风速所选择的气象参数值的组合（国家核安全局，1998），而PMSS 是 PMH 在最有利于工程所在地发生风暴增水的行进路径下发生的风暴潮，PMSS 的设定应该考虑研究区自然地理位置、海域条件、天文气象条件、陆地水文条件（如河口洪水影响）等各种因素（杨罗和董良永，2004；Niedoroda et al.，2010）。刘科成（1984）分析了历史上影响上海港的最严重的几次台风特征，选取典型台风关键参数的"最恶劣者"的组合形成"模式台风"，根据台风关键参数和风暴增水的经验统计关系获取了上海港的可能最大增水，然后叠加台风季节的天文潮极值获得上海港的 PMSS。这种方法在选取历史典型热带气旋上具有一定的主观

6

性，而且采取经验公式获取风暴潮增水存在一定误差。根据 PMSS 计算的 3 个基本步骤，我国依据国家核安全局（1998）的方法完成了连云港、阳江等核电站的 PMSS 计算，并且将 PMSS 的计算推广形成了行业标准在多个重要港口进行了分析研究（尹庆江等，1995；王乐铭和刘建良，1999；叶天波，2007；顾裕兵等，2010）。而刘德辅等（2008；2010）认为国家核安全局（1998）提出的 PMH 设定方法对极端的热带气旋灾害事件考虑不足，会导致计算得到的 PMSS 估计值存在误差，提出了一种考虑热带气旋带来后果（风暴潮、次生洪水、强风巨浪等）的双层嵌套多目标概率模型，外层是计算 PMH 关键参数的复合极值分布模型，而里层是考虑 PMH 影响的多种致灾因素概率预测。该方法考虑的因素较多，需要引入随机模拟、分层抽样等求解技术，计算也较为复杂，在进行里层概率预测时未提出明确的目标函数，用于 PMSS 计算不便于大范围推广。但可以基于这种方法，在精简外层考虑参数的基础上，结合风暴潮数值模式，提出明确的风暴增水效益函数循环控制以确定研究区的最佳 PMSS。

国外针对可能最大风暴潮及其引起的可能最大淹没范围开展了一系列的研究。日本基于历史上有记录以来的最大台风事件——伊势湾台风，以此作为可能最大热带气旋基准参数，进行台风路径平移，完成不同区域 PMSS 关键参数的设置（津波·高潮ハザードマップ研究会事务局，2003）。这种方法具有较大适用性，而且易于在全国范围内推广应用。美国对 PMSS 的研究历史较长，工作也较为系统。早期的方法是按照台风强度分类（3~5 类），结合 SLOSH 模式，计算研究区历史台风移速平均值条件下每一类所有台风的最大可能淹没陆地范围，通常以第 5 类台风会产生的风暴潮为 PMSS（王喜年，2002）。美国陆军工程兵团支持的项目 "Coastal Navigation Hydrodynamics Research Program" 总结了一套对风暴潮进行频率分析及 PMSS 估计的 EST（Empirical Simulation Technique）估计方法，并以卡罗来纳州南部沿岸进行了系统性的研究，它是借鉴非参数统计中自助法的思想，基于有限的历史观测数据，将热带气旋关键参数（潮汐相位、中心气压差、最大风速、最大风速半径、风眼距登陆点距离、前移速度）看作输入向量，不断进行重抽样产生训练样本，结合 ADCIRC（The Advanced CIRCulation model）数值模式，构建输入向量和目标变量风暴潮位高低之间的函数（Scheffner and Mark，1996；Scheffner et al.，1999）。EST 方法的优点遵从了历史关键参数的分布特征，并且不依赖热带气旋关键参数之间的相关性，但估计得到的 PMSS 结果可能会过于极端，给工程设计带来巨大成本，这种方法只为美国东海岸一些国家大型重点工程设计标准提供参考（Scheffner et al.，1999）。

1.3.2　风暴潮灾害脆弱性评估进展

脆弱性近年成为国内外自然灾害学领域研究的重点和热点。不同领域间研究对象和学科视角不同，对"脆弱性"概念的界定角度和方式有很大差异，以致脆弱性具有不同的内涵和外延（方修琦和殷培红，2007）。风暴潮灾害受灾区域主要在沿海，特殊的孕灾环境和承灾对象导致风暴潮的脆弱性特点及其分布与其他自然灾害有显著差别。风暴潮灾害自然过程、致灾机理的研究在过去 20 年取得了极大的进展，国内外研发了一批成熟的风暴潮灾害数值预报模式，而对于风暴潮灾害脆弱性研究还不够深入和系统。本书从脆弱性的定义出发，综述了风暴潮灾害社会脆弱性和物理脆弱性的国内外相关研究进展，重点针对直接经济损失、人口、房屋、海堤等典型承灾体物理脆弱性进行了分析，探讨了风暴潮灾害脆弱性在保险及再保险、快速损失评估、防灾减灾辅助决策支持等领域的应用，并对风暴潮灾害脆弱性急需解决的问题和未来研究的重点进行了展望。

1.3.2.1 脆弱性的定义

联合国国际减灾战略（United Nations International Strategy for Disaster Reduction，UNISDR）减轻灾害术语中将脆弱性定义为社区、系统或财产的属性和环境受到致灾因子破坏的程度（UNISDR，2009），认为脆弱性和各种自然、社会、经济以及环境的因子有关，并且具有一定的时间和空间属性。IPCC 第一次报告中指出脆弱性是系统容易遭受和有没有能力应对气候变化（包括气候变率和极端气候事件）的不利影响的程度，认为脆弱性是系统对所受到的气候变化的特征、幅度和变化速率及其敏感性、适应能力的函数（Houghton et al.，1990）；而 IPCC 第五次工作报告认为脆弱性是自然社会系统易受不利影响的倾向或习性（Hartmann et al.，2013），对脆弱性的外延进行了扩充。一般认为脆弱性是社会系统应对自然灾害的能力，但研究背景和关注对象不一样，对脆弱性的认识也不一致。Adger（2006）对脆弱性的概念进行了系统的梳理，并且提出脆弱性研究中主要面临脆弱性的度量、如何处理人类感知的风险以及适应性协调管理 3 个挑战，脆弱性的研究从仅关注承灾体敏感性的单一结构，逐渐发展为综合考虑承灾体暴露性及系统适应能力等在内的多元结构。虽然脆弱性的定义千差万别，但大致分为物理脆弱性和社会脆弱性两大类。

风暴潮灾害的脆弱性与沿海社会经济、人口以及自然环境的承载力相关，是社会、经济、自然与环境和风暴潮灾害系统本身相互作用的综合表述。风暴潮灾害的脆弱性基于特殊的海岸带孕灾环境，因此，风暴潮灾害与承灾体的相互作用与其他自然灾害显著不同。风暴潮灾害作用的承灾体包括沿海人口、房屋、堤防、农作物及其他植被、养殖区、船舶航运、港口码头及其他海堤海塘防灾工程设施等，风暴潮灾害脆弱性大小客观反映了沿岸承灾体对风暴潮灾害的抗打击能力。风暴潮灾害承灾体的脆弱性、致灾因子危险性以及海岸带的孕灾环境共同构成风暴潮灾害系统。

1.3.2.2 风暴潮灾害社会脆弱性

社会脆弱性是由社会、经济、政治、文化各方面因素组成的复合函数，将整个社会系统或区域作为承灾对象，全面了解灾害的影响（Dilley et al.，2005）。目前的社会脆弱性评估一般利用定量或半定量的手段来反映不同区域脆弱性的相对等级，通过指标体系的建立，利用平均权重法、层次分析法、主成分分析等方法进行权重的赋值（Li K and Li G，2011；Yin et al.，2012），最终得到多个指标计算得出一个社会脆弱性相对值。风暴潮灾害社会脆弱性评价核心在于分析风暴潮灾害对社会、经济、政治、文化等各方面因素的影响建立评价指标体系，如 Granger（2003）从社区的社会、经济、文化、建筑等方面选择 33 个指标；Kleinosky 等（2007）根据贫穷、移民、老年及残疾人等社会经济情况建立脆弱性指标；Rao 等（2007）选择不同风暴潮淹没强度区的人口结构、收入水平、防护水平等 15 个指标，上述指标体系的建立分别对澳大利亚、美国以及印度洋孟加拉湾等受风暴潮灾害影响的地区开展社会脆弱性评价。国内学者从社会经济、土地利用、生态环境、滨海构造物、承灾能力、灾损统计指标等方面，结合区域特点，建立评价指标体系，开展脆弱性评价和分析（殷克东等，2010；李阔和李国胜，2011）。上述研究一般以行政区为评价单元，省、市、县不同的行政评价单元所需要的数据精度和可获取性也不一样，更小的评价单元如乡（镇）、社区（村），其指标数据获取较为困难，从而使社会脆弱性评价更加注重宏观层面的表达。未来的研究应考虑到我国沿海的特殊情况，例如，地形地貌分布、人口流动性、沿海重点工程等因素，从有助于地方防灾减灾决策支持的实际出发，建立可量化的、具有代表性的我国风暴潮灾害社会脆弱性指标体系。

1.3.2.3　风暴潮灾害物理脆弱性

物理脆弱性指不同致灾强度作用下承灾体发生损失的可能性大小，是一种微观尺度对承灾体抗灾能力的定量估计（Dilley，2005）。脆弱性破坏概率矩阵和脆弱性曲线是物理脆弱性最常用的两种表达方式。破坏概率指在一定致灾因子强度下，对承灾体的不同程度影响产生承灾体损失或损失率，不同等级致灾因子强度作用即可形成承灾体的破坏概率矩阵，而不同致灾因子强度对同一破坏状态有多种可能性可进一步形成更精细化的破坏概率矩阵，常见破坏状态可分为基本完好、轻微破坏、中等破坏和严重破坏等。国内对于建筑物、室内财产等通过风暴潮灾害现场调查等手段构建了淹没水深-损失率破坏概率矩阵（梁海燕和邹欣庆，2005；郑君，2011）。日本的《风暴潮、海啸风险评估和区划技术手册》（津波・高潮ハザードマップ研究会事务局，2003）中，通过设定不同淹没水深情景模拟对行人和车辆造成的不同程度影响，确定了风暴潮对行人和车辆的破坏概率矩阵。

脆弱性曲线作为精细定量的脆弱性评价方法和灾害评估的关键环节，其核心要素是表达致灾因子强度和承灾体脆弱性的定量响应关系（周瑶和王静爱，2012）。脆弱性曲线从研究对象区分，可分为承灾体的区域脆弱性曲线和单体脆弱性曲线。区域脆弱性反映的是一个地区整体抗灾能力，多采用致灾因子强度-损失（率）反演方法进行构造，历史灾害案例数据库是构建承灾体区域定量脆弱性曲线的基础。单体脆弱性针对的是单个典型承灾体结构，除了基于损失调查数据采用致灾因子强度-损失（率）反演构造外，还可以采用数值模拟或物理模型试验的方法。单体的脆弱性与特定承灾体的结构、性质、形状等因素有关。美国联邦应急管理署开发的

HAZUS 多灾种损失评估软件中，同时用破坏概率矩阵和脆弱性曲线来表征各类承灾体物理脆弱性，将建筑物分为 5 种破坏状态：完好、轻度损坏、中度损坏、重度损坏和完全损坏，每种程度结构单体的损失率分别达到0%、4%、12%、50%和80%，而每一种损失状态都有一条脆弱性经验曲线与之对应，用户只需要根据评估区域实际情况设定脆弱性曲线相关参数即可（Kircher et al.，2006）。此外，当单灾种包含多种致灾因子并且可能同时发生时，单因子脆弱性曲线刻画承灾体物理脆弱性存在局限性，可建立致灾因子的联合概率分布，构建脆弱性曲面，用于表达多种致灾因子影响下承灾体的受损状况（Ming et al.，2015）。

物理脆弱性一般由两个维度构成，一个维度表征危险性指标，风暴潮灾害中代表性指标常采用风暴增水、风暴减水、超警戒潮位、淹没水深、淹没历时、水流流速、水流流向、盐度等，当考虑风暴潮、近岸浪、河道洪水的耦合影响时，需要构建综合性指标；另一个维度表征承灾体的损失（率），常用价值损失（率）或物理损失（率）。风暴潮灾害历史数据较为有限，通过传统的致灾因子强度-损失（率）反演方法构建脆弱性难度较大。除了灾害实地调查、历史灾害案例数据库外，另外一个值得关注的是保险公司承保理赔数据。财产保险公司对于每一个保单记录，一般都对出险原因、损失大小、事故位置、标的价值等信息有详细记录，可基于此构造可信度较高的脆弱性曲线。对于风暴潮灾害引起的海岸洪水，许多学者把海岸洪水等同内陆洪水研究洪灾脆弱性曲线（石勇等，2009），但风暴潮淹没引起的洪水与内陆洪水的破坏因素存在两个不同，一是风暴潮导致的海岸洪水中海水含盐可能会导致海水养殖等承灾体的破坏作用加剧；二是风暴潮与近岸浪耦合形成破坏作用使得致灾因子的强度加大，特别是对海堤等防护工程。

1）人口

风暴潮灾害因灾死亡人口与风暴潮灾害自然强度、预警时间、区域应急疏散能力以及人口本身脆弱性等多种因素相关（Jonkman，2007），风暴潮漫堤、溃堤造成的内陆淹没是人口死亡最主要的致灾因子。随着预警报水平的提高和政府部门对防灾减灾的关注，风暴潮灾害因灾死亡人口急剧下降（Shi et al.，2015）。国外针对风暴潮灾害死亡人口脆弱性曲线进行了系统研究，Jonkman 等（2003；2008；2009）系统研究了洪水灾害人口死亡的脆弱性，针对风暴潮导致的海岸洪水，构建了人口死亡率与淹没水深之间的定量关系，探讨得出水流流速、淹没水深是影响人口死亡率最重要的因素，同时也发现儿童和老年人脆弱性更高、女性脆弱性比男性更高，并通过案例研究表明预警报水平的提升、人员疏散效率的提高可以显著降低风暴潮灾害人口死亡脆弱性。Boyd（2005）基于 Betsy 和 Camlle 飓风风暴潮灾害灾后调查数据建立了淹没水深与死亡人口的"S"型相关关系曲线，并且经过统计发现淹没超过 4 m 时，人口死亡率最高可达1/3。Hossain（2015）则以家庭为单位，分析了孟加拉湾区域沿海国家居民房屋结构、收入水平、受教育程度与风暴潮灾害人口死亡率直接的相关关系。这些研究从避难场所建立、预警报发布、应急疏散等方面提

10

供了许多降低风暴潮灾害人口死亡率有效措施，考虑人口的年龄结构、性别比例、房屋居住类型、受教育水平等因素可以更加合理评估风暴潮灾害导致的死亡人口数量。

2）海堤

海堤是我国沿海主要防潮工程，每年都有相当一部分海堤在风暴潮、海浪中被冲击破坏。海堤的抵御能力取决于其结构特性和所处的水动力环境，主要致灾因子是风暴潮、近岸浪及二者的耦合作用，这两个因素直接决定了风暴潮灾害海堤脆弱性的大小。风暴潮灾害过程中越浪量被认为是考虑了这两个因素的一个综合指标，越浪量在海堤脆弱性评估中应用最为广泛并且对于海堤设计起到至关重要的作用（Basco Pope，2004；Pullen et al.，2007）。基于风暴潮灾害越浪过程和越浪量，海堤脆弱性评价方法主要有 3 种模型：经验统计模型、数值模型、物理实验模型。经验统计模型是基于实验数据或者野外测量采集数据对主要考虑参数进行拟合进而得出经验公式的方法（Goda，2009；Franco et al.，2012），它的优点就是简单直接，通过已知的潮位、浪高和海堤形态，代入经验公式计算越浪量，进而对安全进行评价并构建海堤的破坏脆弱性曲线，但经验公式的适用范围和准确程度不确定性较高。随着现在计算资源的普及，数值模型方法逐渐演变为一种成熟的评估分析工具（Hieu et al.，2014），这种方法的优点在于复杂的海堤结构、水和建筑物的相互作用、水动力参数都可以被数值模拟和分析。物理实验模型方法通过设定一定的风暴潮和近岸浪实际情景，按照一定的比例将海堤结构缩放在室内波浪池或者水槽中进行模型试验，这种方法优点在于水动力参数可以被精准的测量，但物理模型实验的代价较为高昂（Larese et al.，2013；Yuan et al.，2014）。综合考虑准确性和适用范围，实际应用中这 3 种方法相互依赖，通常被组合采用。

3）房屋

国内外针对房屋的风暴潮灾害脆弱性曲线研究已经较为成熟，主要采用淹没水深作为风暴潮灾害危险性指标。美国陆军工程兵团基于美国不同地区发生的洪水（含风暴潮）灾害损失数据，以淹没水深为致灾强度，更新建立了一层、多层和错层（有地下室或无地下室）等类型房屋以及不同类型房屋室内财产的淹没水深与损失率的脆弱性曲线，建模过程中考虑了流速、淹没时长、预警时间等变量影响以及组合变量的影响（US Army Corps of Engineers，1993），通过模型检验发现仅淹没水深能够最有效的解释房屋结构和室内财产的损失率。其中，室内财产的损失率由房屋室内财产损害价值与房屋结构价值的比值计算获得。Kato 和 Torii（2014）基于影响日本沿岸的 9918 号台风引起的风暴洪水，充分考虑风暴潮淹没水深和持续时间等致灾因子，通过实地调查潮灾损失方法，分别建立日本 Shiranui 和 Ube 两个城市的房屋和室内设施的淹没水深与损害程度脆弱性曲线。英国 Ilan 的 Kelman（2003）在其博士论文中综合考虑淹没水深和流速，基于灾害现场调查，分析房屋在水动力、静压、侵蚀、浮力等作用下遭受的荷载，建立了英格兰东部沿海风暴潮洪灾 32 种房屋的二维淹没水深和流速与房屋损害程度的脆弱矩阵。美国 Pistrika 等（2010）基于 Katrina 飓风引起的风暴洪水，利用动量定理分析了奥尔良地区淹没水深和流速的统计关系，并建立淹没水深和流速与房屋损失率的脆弱性曲线。浙江水利河口研究院（2007）基于浙江省历史上典型的台风风暴潮案例，将河口区财产类型分为 7 个大类 24 个小类，分别采用不同的方法计算得到各类财产类型的风暴潮脆弱性损失矩阵。从国内外研究中可以看出，国外风暴潮灾害房屋脆弱性曲线构建较为精细，考虑房屋结构类型、层级以及有无地下室，并基于多个不同致灾因子对房屋脆弱性进行了定量分析研究，国内在借鉴国外已有成果的基础上初步构建了风暴潮灾害房屋脆弱性曲线，这些曲线可以直接服务于定量评估风暴潮灾害引发的不同房屋结构以及室内财产的损失，并且在灾害保险中发挥了重要作用。

4）直接经济损失

我国沿海风暴潮灾害造成的经济损失占海洋灾害总经济损失的 90%以上，风暴潮灾害直接经济损失包括风暴潮与近岸浪造成的海上养殖渔排、渔船的损坏，海堤、防波堤、挡潮闸等沿海防护工程设施的毁坏，沿岸码头、房屋、通信设施和交通设施的破坏，以及沿岸海水浸没造成的渔业、农业损失（陈思宇等，2014）。直接经济损失脆弱性评估的一种思路是基于历史灾害损失数据库，建立风暴潮强度（风暴增水、超警戒潮位、淹没水深等）与直接经济损失之间的定量响应关系（许启望和谭树东，1998；方伟华等，2010），进而构建直接经济损失的区域脆弱性曲线；另外一种思路是建立土地利用分类与分布，分别构建不同土地利用类型对应的典型承灾体风暴潮灾害脆弱性曲线，进而叠加构建风暴潮灾害直接经济损失综合脆弱性曲线（Pistrika et al., 2010）。直接经济损失脆弱性曲线构建常用统计调查、情景分析等方法，统计调查是基于灾后实地调查数据以及上报的灾情信息通过致灾因子强度–灾害损失反演方法构建直接经济损失脆弱性曲线；而情景分析是设置了不同的淹没情景，分析风暴潮灾害造成的淹没影响，进而统计分析淹没区域直接经济损失脆弱性（Kleinosky et al., 2007）。

1.3.2.4 风暴潮脆弱性不确定性

不确定性是风暴潮灾害脆弱性评价中客观存在的。风暴潮灾害社会脆弱性评价结果依赖于指标的选取以及模型的计算方式，指标选择的不同以及各指标赋予权重方式的差异都会对社会脆弱性评价结果产生较大不确定性。风暴潮灾害物理脆弱性，存在二阶不确定性。一阶不确定性反映脆弱性的概率特征，即不同致灾强度下风暴潮灾害的损失是不一样的，是脆弱性曲线物理特性的体现；二阶不确定性反映脆弱性的模糊特征，即同一致灾强度的风暴潮灾害损失不是固定的，也具有一定的分布特征（Grossi and Kunreuther, 2005；Berkes, 2007）。

风暴潮脆弱性评估中不确定性来源有多种。无论是基于灾害损失数据通过致灾因子强度–损失（率）反演还是通过数值模拟或物理模型实验构建风暴潮灾害脆弱性曲线时，所得到的样本群体都具有离散性，一般采用同一致灾强度下的平均损失

(率) 描述风暴潮灾害脆弱性曲线的一阶不确定性,而偏离平均状态的离散样本反映的二阶不确定性是巨灾风险评估关注的重点,对评估巨灾事件的尾部极端风险具有重要意义 (Woo, 2002)。采用经验统计模型构建脆弱性曲线时,常用指数、线性、logistic 回归等经验统计模型表达脆弱性曲线的形式,而经验统计模型形式的选择以及参数的求解对脆弱性评价结果都会产生影响。此外,数据来源的精度、可靠性都会对风暴潮灾害社会脆弱性和物理脆弱性评价结果带来不确定性。

1.3.2.5 风暴潮灾害脆弱性应用

风暴潮灾害脆弱性评估结果是快速损失评估以及风暴潮灾害定量风险评估中的基础 (石先武等, 2013)。快速损失评估是基于承灾体的区域脆弱性曲线,政府部门可快速估计一次风暴潮灾害过程的价值损失量或物理损失量,便于地方政府部门提供救灾物资储备准备;直接经济快速评估结果也可为保险公司应对单次灾害过程设置理赔准备金提供参考;人口影响定量脆弱性评估结果可直接服务于地方政府的风暴潮灾害期间人员应急疏散。国家海洋局 2012 年启动了海洋行业公益性科研专项"海洋灾情快速评估和综合研判系统研发与应用示范",该项目核心研究内容基于灾后现场调查、灾情统计上报以及遥感卫星影像建立受风暴潮及近岸浪影响的人口、渔业、房屋、工程、种植业、直接经济损失等脆弱性评估模型,开发风暴潮灾情评估集成系统,对风暴潮及近岸浪灾害进行应急及综合评估,为地方政府应对风暴潮灾害提供快速决策支持。国家海洋局在日本"3·11"地震海啸之后开展了海洋灾害风险评估和区划工作,编制了《风暴潮灾害风险评估和区划技术导则》(国家海洋局, 2012a),并通过试点工作对该导则进行了修订,针对风暴潮灾害脆弱性提出了等级评估和定量评估两种方法,为风险评估提供不同的脆弱性评价结果。

脆弱性曲线在灾害保险及再保险中发挥越来越重要的作用。完整的灾害风险保险模型包括随机事件集模块、致灾因子模块、脆弱性模块、承灾体模块以及金融定价模块。脆弱性模块是风险模型核心组成部分,在整个风险模型中起着桥梁链接作用,特别是脆弱性曲线是生成风险曲线的基础 (Pendleton et al., 2005)。国际上再保险公司定期发布各类风险曲线,如劳合社曲线、Salzman 曲线 (家财险)、瑞再曲线、慕再曲线、Skandia 曲线、Ludwig 曲线 (家财和企财险) 等产险风险曲线或曲线族,并根据历史样本事件的不断增加,对脆弱性曲线进行不断修正,进而对风险曲线进行重新厘定及不定期更新。

脆弱性评价在防灾减灾辅助决策支持中发挥越来越重要的作用,降低脆弱性成为减轻灾害风险的有效途径。沿海城市发展规划越来越关注降低社会脆弱性的工程性和非工程措施,风暴潮灾害社会脆弱性评价结果可为从降低社会脆弱性角度所需要的资本、人力、自然资源等方面的投入提供参考,以提高整个社会系统抵御风暴潮灾害的能力,制定有针对性的风暴潮灾害防灾减灾管理措施。目前,已有的工程性措施防潮能力主要从致灾因子角度基于重现期水位进行防御标准设计,而基于物理脆弱性评价结果考虑不同海堤、海塘、防波堤类型以及区域风暴潮灾害特点,可从提高防潮减灾效益角度对工程性措施设防建设提供更加科学的决策依据；基于物理脆弱性评价结果分析沿海不同地区风暴潮灾害造成海水网箱养殖设施严重毁坏的最直接原因，如锚泊系统绳索断裂、锚和锚墩走位、木质网箱框架断裂等，可以在此基础上提出网箱设施灾后恢复的技术改进建议和减少风暴潮灾害影响的主要对策措施（黄滨等，2011；张杰，2011）。

1.3.3　风暴潮灾害综合风险评估进展

风暴潮灾害的综合风险评估反映的是研究区未来风暴潮灾害的期望损失水平，是风暴潮灾害风险管理的基础。风暴潮灾害综合风险评估主要包括两方面的工作，一方面是风暴潮灾害损失的估计，包括灾前预评估、灾中应急评估、灾后综合评估等；另一方面是系统考虑研究区风暴潮的危险性和脆弱性，计算未来风暴潮灾害的期望及典型重现期的损失水平。风暴潮灾害综合评估的结果是城市规划、应急疏散、灾后定损、灾害保险的理论基础。

国内的风暴潮灾害风险评估主要侧重风暴潮灾害的危险性研究，风暴潮灾害综合风险评估有待深入。早期研究主要根据致灾因子强度对风暴潮灾害进行等级划分确定不同等级的灾度，然后通过不同的数学模型进行回归，构建风暴潮灾害损失与灾度之间的数学关系，以此对风暴潮进行损失估计或风暴潮灾害风险区划（郭洪寿，1991；许启望和谭树东，1998；史建辉等，2000），这种方法一般都是构建经验的统计模型，避开了对承灾体脆弱性进行精确的定量刻画，损失评估结果误差也较大。国家海洋环境预报中心和北京师范大学合作，基于沿海潮位站历史观测资料和沿海经济、人口分布，综合考虑风暴潮灾害危险性和脆弱性，绘制了我国国家尺度风暴潮危险性等级图、脆弱性等级图以及综合风险等级图（方伟华等，2010；史培军，2012）。日本"3·11"地震海啸后，由国家海洋局牵头，按照多部门参与、涵盖多灾害种类的原则，编制了《风暴潮灾害风险评估和区划技术导则》（国家海洋局，2012a），并与我国海洋灾害重点防御区划定工作相结合，正在开展国家、省、市、县尺度的风暴潮灾害风险评估和区划试点工作。

风暴潮灾害风险评估在保险领域发挥了重要作用，国外研究机构、商业模型保险公司等针对风暴潮灾害风险评估及损失综合评估开发了一系列模型，用于保险费率的厘定以及灾后理赔定损。美国联邦应急管理署开发的 HAZUS 多灾种损失评估软件在洪水模块中考虑了风暴潮引发沿岸淹没的影响，可以评估风暴潮及其带来的洪水产生的直接破坏损失评估、间接损失评估及次生灾害影响评估，为灾后的风暴潮应对提供科学的决策支持（FEMA，2010）。阿姆斯模型公司采用随机模拟方法生成大样本风暴潮灾害事件，基于动力学建立了不同的溃堤情景，考虑淹没水深、淹没持续时间等因素开发风暴潮-洪水损失评估模型，反演了1953年以来的典型风暴潮淹没灾害案例，计算受风暴潮影响地区的河口灾害风险以及典型重现期的风暴潮灾害损失，用于巨灾保险的费率厘定（Wood et al.，2005）。EQECAT 巨灾风险模型公司根据亨伯河河口和泰晤士河河口等欧洲地区实际情况，采用经验统计方法，开发了风暴潮灾情评估模型。AIR Worldwide 模型公司在美国和澳大利亚的区域台风风险模型中将风暴潮模块作为台风次生灾害，开发了风暴潮灾害损失评估模块。我国对风暴潮灾害风险评估的保险应用进行了初步探讨（郑慧和赵昕，2012），但尚未建立完整的风暴潮灾害风险保险转移机制。如赵昕和王晓婷（2011）对风暴潮灾害损失数据进行了分布拟合，判别风暴潮灾害的损失特征，并依据保险精算理论对风暴潮灾害保险进行定价研究，探讨了风暴潮灾害保险的操作可行性。

国内的风暴潮灾害综合风险评估技术体系还不成熟，风暴潮灾害风险评估成果不足以满足实际应用需求。风暴潮灾害风险评估尚未形成符合我国风暴潮灾害分布特征的各类承灾体定量化脆弱性评估模型，风暴潮灾害应急疏散图等应急产品严重缺乏，仅国家海洋环境预报中心在河北省黄骅等地进行了风暴潮淹没模拟对风暴潮灾害应急疏散图制作开展了初步尝试。美国等发达国家开展了大量的灾害实地调查，建立了各种承灾体定量脆弱性曲线，并运用不同物理统计方法对 TRPS、PMSS 进行了对比分析，形成了推荐性的技术导则，评估结果用于沿海避难场所选址以及应急疏散图制作，在风暴潮应急中发挥了实际应用。随着灾害保险特别是巨灾保险和巨灾再保险市场的发展，传统的风暴潮灾害损失经验统计模型满足不了应用的需求，国外发展的基于风暴潮灾害事件模拟仿真的物理统计模型发挥了越来越大的作用，这些经验都值得国内借鉴学习。

1.4 本书研究内容与技术路线

在财政部重大专项"沿海大型工程海洋灾害风险排查及海洋灾害风险评估和区划"、国家海洋行业公益性专项"风暴潮灾害重点防御区划定技术与应用示范"以及作者主持的国家自然科学基金"基于多元 Copula 函数的区域典型重现期风暴潮估计方法研究"和中国海洋发展研究会基金"重特大海洋动力灾害应对策略研究"等项目支持下，针对风暴潮灾害开展了一系列基础研究和业务研发工作，作者在开展研究和业务工作过程中发现，风暴潮灾害是影响我国最严重的海洋灾害，但是还缺乏系统性的风暴潮灾害风险评估方法体系，已有的风暴潮灾害风险评估方法、技术手段还不能满足风暴潮灾害风险评估业务化工作的需求。如何构建一套符合我国风暴潮灾害分布特点的技术方法体系是推动我国沿海地区开展风暴潮灾害风险评估和区划工作亟须解决的难题。围绕风暴潮灾害风险评估，作者持续性地开展了一系列基础性研究工作，在《自然灾害学报》《地理科学进展》《地球科学进展》《北京师范大学学报（自然科学版）》《灾害学》、*Stochastic Environmental Research and Risk Assessment*、*Natural Hazards and Earth System Sciences*、*International Journal of Disaster Risk Science*、*Ocean & Coastal Management*、*Journal of the Transportation Research*

Board、*Natural Hazards* 等国内外学术期刊上刊出了一系列研究论文，主持编制的我国海洋领域第一个灾害风险评估方面的行业标准《海洋灾害风险评估和区划技术导则　第1部分：风暴潮》（HY/T 0273—2019）已发布实施，并用于指导我国沿海地区开展风暴潮灾害风险评估工作，推动了我国沿海地区风暴潮灾害风险评估业务成果应用。

本书以风暴潮灾害风险评估为切入点，以提高我国风暴潮灾害风险评估能力为研究目标，旨在深化对风暴潮灾害风险系统的认识，科学评估我国沿海地区风暴潮灾害风险，构建一套科学的、适用的、符合我国沿海地区灾害特征的风暴潮灾害风险评估的理论框架、方法体系和制图规范。面向风暴潮灾害风险评估中国家、省、县3个不同层级对风暴潮灾害风险评估成果的应用需求，考虑不同侧重的评估内容、技术方法、评估成果等，形成一套国家、省、县3个不同尺度的科学完善的风暴潮灾害风险评估和风险制图技术方法体系，选择全国沿海、河北省、上海市金山区开展国家、省、县3个尺度的实证研究，技术路线如图1.2所示，各章节主要研究内容如下。

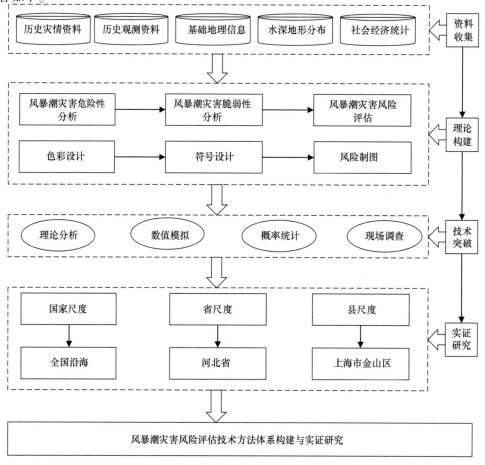

图1.2　本书技术路线

第 1 章介绍本书的研究意义和背景，对风暴潮的危险性评估、脆弱性评估、综合风险评估研究进展进行归纳总结，阐述本书的研究框架，明确本书研究的技术路线。

第 2 章从风暴潮灾害的致灾因子、承灾体及孕灾环境角度阐述风暴潮灾害及风暴潮灾害风险系统的构成，提出基于风暴增水、超警戒潮位和淹没水深的风暴潮灾害危险性等级划分方法，明确风暴潮灾害 4 级风险的意义和内涵。综合考虑风暴潮灾害致灾因子的危险性、承灾体的脆弱性和孕灾环境的不稳定性，明确风暴潮灾害风险评估的理论框架和技术流程，从风暴潮灾害风险评估应用目标、技术方法、评估内容和评估单元的不同，辨析风暴潮灾害风险评估国家、省、县 3 个不同的尺度，提出一套符合用图者认知的风暴潮灾害风险制图的色彩设计、符号设计和专题信息表达的解决方案。

第 3 章以全国沿海地区开展国家尺度风暴潮灾害风险评估技术方法的实证研究。收集整理沿海地区验潮站和水文站观测资料，利用 Gumbel 极值统计模型计算每个站点风暴增水和超警戒潮位的重现期分布，计算风暴增水和超警戒潮位期望，评估每个站点的风暴灾害综合危险性等级，通过线性差值计算每个 10 km 沿海岸段风暴潮灾害综合危险性，以沿海县为单元，开展全国沿海地区风暴潮灾害危险性区划，科学识别沿海地区风暴潮灾害高危险区。

第 4 章以河北省为典型案例，对省尺度风暴潮灾害风险评估技术方法进行实证研究。在河北省沿海 2′岸段典型重现期风暴增水和超警戒潮位分布的基础上，综合评估风暴潮灾害岸段危险性。以河北省土地利用一级分类数据为基础，综合考虑沿海地区重要承灾体分布，开展沿海乡镇单元的脆弱性等级评估。考虑河北省沿海各县人口、地区生产总值以及养殖业产值分布，开展沿海县级行政单元的风暴潮灾害承灾体脆弱性评估，综合考虑风暴潮灾害危险性等级和脆弱性等级评估结果，以沿海乡镇和县为单元，评估河北省沿海乡镇的风暴潮灾害风险等级，在此基础上针对不同等级风暴潮灾害风险评估结果分布提出有针对性的风暴潮灾害防灾减灾措施。

第 5 章以上海市金山区为典型案例，对县尺度风暴潮灾害风险评估技术方法进行实证研究。建立上海市金山区风暴潮数值模式，确定上海市金山区可能最大台风暴潮台风关键参数，模拟上海市金山区可能最大台风暴潮淹没范围及水深分布。利用 16 方位法构建最严重温带天气过程，模拟上海市金山区可能最大台风暴潮和温带风暴潮淹没范围及水深分布。基于上海市金山区土地利用现状二级空间分布数据，结合重要承灾体分布，确定上海市金山区风暴潮灾害脆弱性风险等级分布。综合考虑上海市金山区风暴潮灾害危险性和脆弱性等级空间分布，利用风险矩阵计算上海市金山区风暴潮灾害风险等级分布。

第 6 章结论与展望，对本书研究内容进行总结，阐述本书创新点，对风暴潮灾害风险技术方法未来发展进行展望。

2 风暴潮灾害风险评估理论体系

2.1 风暴潮灾害致灾因子与过程

风暴潮灾害主要是由异常的风暴增水使得潮位大幅度升高而形成，致灾因子不仅包括风暴潮，还包括天文大潮、近岸浪及其三者之间的耦合作用。台风引起的大风、巨浪、高潮既可能单独发生，也可能同时发生。一旦产生"三碰头"甚至"四碰头"这种极端灾害现象，风暴潮叠加近岸浪越过海堤或引发溃堤，会导致内陆大面积淹没甚至发生海水倒灌。风暴潮致灾因子组成如图2.1所示。在台风、强温带天气过程等天气系统的驱动下，潮位急剧上涨，潮水内侵深入陆地，强度较大风暴潮不仅会导致港口、码头、堤坝等遭受毁损，还包括堤坝被冲垮后海水漫滩使得沿岸房屋、农田和养殖地等受淹而发生灾害。如果风暴潮恰好发生在天文大潮时，尤其是最大风暴增水叠加在天文大潮的高潮上时，会酿成巨大灾难。

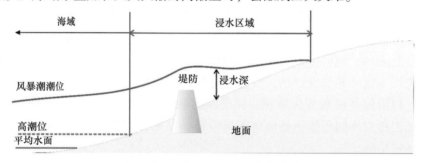

图 2.1　风暴潮致灾因子组成示意

此外，风暴潮过程中的风暴减水和风暴骤淤也是风暴潮重要的致灾因子。背离开阔海岸方向的大风长时间在洋面吹刮，致使岸边水位急剧下降，形成风暴减水，也称"负风暴潮"。风暴增减水重现期特征值是确定港口水工结构、海岸防护工程设计的重要参数，沿岸重点港口工程建设时必须考虑当地历史风暴潮减水极端情况。风暴减水严重时会使沿海区域暴露出大片海滩，造成沿岸港口船舶吃水深度不够，导致船舶海滩搁置或船舶进出港口困难。沿岸大型化工企业或核电站选址设计时一般都会考虑风暴减水影响，风暴减水严重时导致取水困难，会中止化工企业或核电站的正常运营。风暴潮发生过程中引起港口附近海域强烈的增、减水效应和强烈的水流、波浪和泥沙运动，可能会引起港口、航道的泥沙骤淤。风暴骤淤是开发港口、航道必须考虑的复杂问题，一旦发生航道阻塞，会给港口造成巨大经济损失。风暴骤淤对挡潮闸也有不可忽视的影响，会导致河口地区挡潮闸淤泥阻塞，上游洪水不能及时排出，形成内涝。

河口具有独特的地理位置和地形地貌，对孕育风暴潮灾害具有更加显著的影响。对外宽内窄的喇叭形河口海岸地区，风暴潮带来的沿岸急剧涨潮导致河口吞进大量海水，向里推进时，由于河道突然变窄，潮水涌积，波涛激荡堆积而成涌潮，涌潮入内的潮水受阻，后浪赶上前浪，形成直立的"水墙"，常常导致河口两岸洪水泛滥而形成大范围淹没。

当风暴潮进入河口后，因河口断面收缩、地形抬升、上游径流顶托等影响，风暴潮较深水区显著增大，进一步增加了风暴潮引发灾害的风险，若天文大潮与风暴潮及上游洪水叠加形成高潮位，极易引发河口区"三碰头"形成极端高水位（曾剑等，2018），从而引发漫堤、溃堤、洪水等灾害性事件，往往给河口两岸地区造成严重的经济损失和人员伤亡，酿成风暴潮巨灾事件。2017 年第 13 号台风"天鸽"于 8 月 23 日 12 时 50 分（北京时）前后，在广东省珠海市金湾区附近登陆，登陆时中心附近最大风力 14 级，中心气压 950 hPa，为 2017 年汛期以来登陆我国的最强台风，与 1991 年第 11 号台风"弗雷德"并列成为 1949 年以来 8 月登陆广东的最强台风，其引发的风暴潮和海浪灾害造成广东省 2 人死亡，直接经济损失 40.51 亿元。由于珠江口呈喇叭口地形，风暴潮作用下有利于水体的短时间堆积，台风在珠江口西侧登陆，使珠江三角洲位于台风的危险右半圆，且风暴增水过程恰与天文潮高潮叠加，导致台风"天鸽"带来了一次强风暴潮过程。"天鸽"行进路径与海岸线夹角较小，导致台风横扫广州、深圳、珠海、佛山、中山、江门、东莞、惠州、肇庆珠三角 9 市以及阳江、云浮、茂名等地区，广州、中山、珠海、东莞、江门、惠州等地均遭受不等程度风暴潮灾害影响，其中尤以珠海最为严重。珠海市区出现大面积海水淹没，大量基础设施和产业目标被冲毁淹没，风暴潮灾害对主要承灾体的致灾形式如表 2.1 所示。

表 2.1　风暴潮灾害典型承灾体主要致灾形式

承灾体类型		致灾形式
海水养殖	池塘养殖	➤ 灾害导致近岸养殖鱼塘的相关养殖设施被摧毁； ➤ 灾害导致供电及供氧设施损毁，鱼塘缺少电力供氧，养殖物缺氧死亡； ➤ 风暴潮导致海水淹没近岸池塘，养殖物逃逸
	筏式养殖	➤ 风暴潮和近岸浪共同作用导致养殖设施被冲毁、冲散，造成损失
	渔船	➤ 渔船受风暴潮和近岸浪影响，侧翻、沉没； ➤ 风暴潮和近岸浪共同作用导致渔船之间相互碰撞，或与海岸防护设施等撞击受损； ➤ 渔船被涌上岸边，导致搁浅受损

承灾体类型		致灾形式
海岸工程	码头	➢ 近岸浪冲击码头，导致迎水面构造物受损； ➢ 船只与码头撞击，导致码头受损
	防波堤	➢ 近岸浪造成防波堤迎水面构造物受损
	海堤、护岸	➢ 风暴潮和近岸浪造成护岸底部碎石、砌石等被掏空，导致护岸、观景栈道受损
建筑物	房屋、验潮井	➢ 近岸浪冲击沿海房屋，导致墙体、窗户等受损； ➢ 风暴增水导致海水淹没房屋，造成室内财产损失； ➢ 海水顶托导致沿海验潮站室内仪器受损
海滨浴场		➢ 风暴增水导致大量垃圾和石头涌上沙滩； ➢ 风暴增水和近岸浪导致浴场相关基础设施损毁； ➢ 风暴增水导致浴场内房屋进水，导致室内财产受损； ➢ 风暴增水和近岸浪导致沙滩上海沙被卷走； ➢ 海水导致绿化、树木等严重破坏
汽车		➢ 风暴增水导致海水淹没沿海停靠的汽车，造成损失

2.2　风暴潮灾害等级划分

　　风暴潮灾害分级是风暴潮灾害风险管理和灾害应急预案编制的理论基础，分级结果应既反映风暴潮本身强度的大小也包括风暴潮灾害造成的社会影响。风暴潮灾害等级划分包括危险性等级划分和灾情等级划分。风暴潮灾害风险评估中关注风暴潮灾害危险性等级如何划分。国内外基于风暴增水、超警戒潮位和淹没水深的分级方案开展了一些卓有成效的前期研究工作，但是目前还没有统一的风暴潮灾害分级标准。

2.2.1　基于风暴增水和超警戒潮位的危险性等级划分

　　风暴潮灾害的形成是由多种因子共同作用的结果，既与灾害自然过程有关的因子有关，也与承灾体受灾方式有关。从致灾角度考虑，风暴潮灾害等级划分考虑的致灾因子强度指标通常有风暴增水、超警戒潮位、淹没水深等。风暴增水可以客观反映风暴潮物理过程致灾强度的大小，台风风暴潮增水的大小与台风强度、移动速度、移动方向、海岸地形等诸多因素相关，而温带风暴潮增水大小还与温带天气过程相关。

　　风暴潮淹没灾害最终体现在沿岸潮位超过沿岸的防护能力，潮位是风暴潮过程最自然的表示，也是实际观测的要素，但潮位包括潮汐水位、风暴增水和入海河流洪水、气压虹吸作用以及河流动力作用等多种因素共同作用下的结果。由于沿海各地潮差和防潮能力差别很大，因此仅仅利用潮位很难表达出风暴潮致灾的强度。警戒潮位基于实际水位值考虑防潮设施受浪程度、防潮设施建设标准、岸段重要程度等因素（翁光明等，2011），是当地防潮能力的一种规范性的指标，既包括了自然变异的程度也包括了当地防潮能力。超警戒潮位值考虑了当地的设防能力，客观反映了风暴潮过程可能导致的淹没情况，基于超警戒潮位值的风暴潮灾害等级划分也较为常见。

本书综合考虑风暴增水和超警戒潮位两个指标，风暴增水可以客观反映风暴潮自然过程致灾强度的大小，超警戒潮位值考虑了当地的设防能力，能够反映风暴潮过程可能导致的淹没情况。考虑到我国灾害应急响应等级一般划分为 4 级，基于杨华庭等（1991）和郭洪寿等（1991）的划定标准，将风暴潮灾害划分一般潮灾、较大潮灾、严重潮灾和特大潮灾 4 个等级，详细划分标准见表 2.2（石先武等，2016）。

表 2.2 本书采用的风暴潮灾害分级方法　　　　　　　　单位：cm

	特大潮灾	严重潮灾	较大潮灾	一般潮灾
超警戒潮位	（200，+∞）	（100，200]	（50，100]	超过或接近
风暴增水	（300，+∞）	（200，300]	（150，200]	（100，150]

2.2.2　基于淹没水深的风暴潮危险性等级划分

淹没水深是风暴潮引起海水入侵或发生海水倒灌后，对陆地承灾体的直接致灾因子，与淹没水深相关的致灾因素还包括淹没时长、淹没流速、海水盐度等。日本通过实验设计的方法（津波・高潮ハザードマップ研究会事务局，2003），根据不同淹没深度对人体行动所造成的影响，以及不同淹没深度对不同结构房屋等重要承灾体所造成的损坏情况，将淹没水深划分为 7 级（表 2.3）。该分级方法经过了大量的物理实验，能够客观反映不同等级的淹没深度对人体、建筑物、汽车、渔船等承灾体灾害影响的状况。国内外许多学者基于历史典型洪水案例数据库，建立了多种承灾体与淹没水深的定量响应关系，需要特别说明的是，若风暴潮影响到内陆，淹没水深划分标准对内陆的洪水灾害也同样适用。淹没水深的等级划分对评估风暴潮灾害内陆灾害的损失具有重要参考价值。同一风暴潮灾害过程在受灾影响的不同区域淹没水深差异较大，因此，基于淹没水深的分级方法定义一次风暴潮灾害等级大小具有一定局限性。在考虑日本的淹没水深分级方法基础上，本书依据淹没水深将风暴潮灾害危险性分为 4 个级别（表 2.4）。

表 2.3 日本风暴潮灾害淹没水深分级方法

淹没水深/m	淹没深度及危险情况描述	备注
0.00~0.15	淹没深度触及脚踝	
0.15~0.50	淹没深度触及膝深，活动不自由、步行速度减慢	标准步速 1.33 m/s，水中（膝下）步速 0.70 m/s
0.5~0.8	淹没深度触及腰深，进一步活动不自由，乘用车会浮在水面随水冲走	标准步速 1.33 m/s，水中（腰下）步速 0.30 m/s，1983 年的日本海中部地震中，70 cm 高海啸造成了人员死亡
0.80~1.20	淹没深度触及胸深，可能危及生命	
1.20~3.00	淹没深度没过一层楼深，需要到钢筋水泥建筑物二层以上避难	木制房屋部分破坏
3.00~5.00	淹没过两层楼深，需要到钢筋水泥建筑物三层以上避难	淹没深度 2 m 以上：对沿岸村落造成破坏，木制房屋全面破坏。对渔船也造成破坏。死者增加。4 m 以上：对沿岸村落和渔船的破坏率为 50%
>5.00	淹没过三层楼以上	

表 2.4 本书采用的基于淹没水深的风暴潮灾害危险性等级划分

危险等级	淹没水深/m	备注
Ⅰ	(3, +∞)	高危险区
Ⅱ	(1.2, 3]	较高危险区
Ⅲ	(0.5, 1.2]	较低危险区
Ⅳ	(0, 0.5]	低危险区

2.2.3 风暴潮灾害风险等级划分

风暴潮灾害风险等级是对风暴潮灾害风险评估结果的科学度量，能够反映区域内风暴潮灾害风险的空间分布差异。本书综合考虑风暴潮灾害危险性和脆弱性等级，采用风险矩阵形式（表 2.5）针对风暴潮灾害风险开展等级评估。本书将风暴潮灾害风险评估结果分为Ⅰ、Ⅱ、Ⅲ、Ⅳ 4 个等级。

Ⅰ级风险区：风暴潮灾害高风险区，严重受到风暴潮灾害的影响，风暴潮灾害危险性和脆弱性都处在高等级，风暴潮灾害发生频率高、强度大，是沿海风暴潮灾害重点防御区域，风暴潮灾害巨灾发生的潜在可能性较大。

Ⅱ级风险区：风暴潮灾害较高风险区，受到风暴潮灾害的影响较大或风暴潮灾害影响范围内有重要承灾体，风暴潮灾害危险性或脆弱性处在高等级，风暴潮灾害发生频率较高、强度较大，需要采取有针对性的风暴潮灾害防灾减灾措施。

Ⅲ级风险区：风暴潮灾害较低风险区，受到风暴潮灾害影响，发生特大潮灾的可能性较低，可在一定程度上针对风暴潮灾害危险性较高的区域采取适当的风暴潮灾害防灾减灾措施。

Ⅳ级风险区：风暴潮灾害低风险区，受风暴潮灾害影响较小，风暴潮灾害危险性和脆弱性等级都较低，可采取接受风暴潮灾害风险策略，不需要采取特别的风暴潮灾害防灾减灾措施。

表 2.5　风暴潮灾害风险等级与危险性及脆弱性对应关系

危险性＼脆弱性	低（Ⅳ级）	较低（Ⅲ级）	较高（Ⅱ级）	高（Ⅰ级）
低（Ⅳ级）	低风险（Ⅳ级）	低风险（Ⅳ级）	较低风险（Ⅲ级）	较低风险（Ⅲ级）
较低（Ⅲ级）	低风险（Ⅳ级）	较低风险（Ⅲ级）	较高风险（Ⅱ级）	较高风险（Ⅱ级）
较高（Ⅱ级）	较低风险（Ⅲ级）	较高风险（Ⅱ级）	较高风险（Ⅱ级）	高风险（Ⅰ级）
高（Ⅰ级）	较低风险（Ⅲ级）	较高风险（Ⅱ级）	高风险（Ⅰ级）	高风险（Ⅰ级）

2.3　风暴潮灾害风险评估方法

2.3.1　风暴潮灾害风险评估的理论基础

灾害风险是指灾害发生及其给人类社会造成损失的可能性。灾害风险既有自然属性，也有社会属性，无论是自然因子异常还是人类活动都可能导致灾害发生，灾害风险是普遍且客观存在的。致灾因子的危险性、承灾体的脆弱性和孕灾环境的不稳定性共同组成了灾害风险系统（史培军，2002）。灾害风险评估的理论框架如图2.2所示，图中"×"不代表数学乘法，表示不同因子之间的乘数效应。

图2.2　灾害风险评估理论框架

危险性（Hazard），指可能造成财产损失、人员伤亡、资源与环境破坏、社会系统混乱等孕灾环境中的致灾因子，主要是由危险因子活动规模（强度）和活动频次（概率）决定的。一般致灾因子强度越大，频次越高，灾害所造成的破坏损失的可能性越大，灾害风险也越大。从风险的角度，致灾因子可以通过特定区域内对承灾体可能造成威胁的事件的强度-概率响应关系进行刻画。

脆弱性（Vulnerability），指给定危险地区存在的所有人和财产，由于潜在的危险因素而造成的伤害或损失程度，其综合反映了自然灾害的损失程度。一般承灾体的脆弱性越低，灾害损失越小，灾害风险也越小，反之亦然

承灾体（Exposure），是各类致灾因子作用的对象，是人类及其活动所在的社会与各种资源的集合（史培军，2002）。灾害风险计算过程中（图2.3），承灾体分类一般应按照受灾对象的不同，在基础类别上保持与行业标准规范统一，这样一方面便于建立标准、规范的承灾体数据库；另一方面也有利于脆弱性、风险评估的开展。

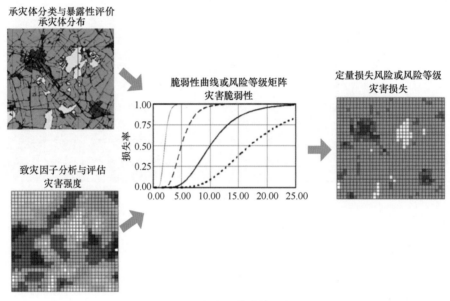

图 2.3　灾害风险计算过程

在灾害风险评估理论中，孕灾环境的复杂性以及稳定性对风险评估有着重要的影响。目前，较为先进的评估方法或模型一般都可以定量考虑孕灾环境对致灾因子危险性以及对承灾体分布与暴露的影响，将孕灾环境的影响内部化到致灾因子危险性、承灾体暴露性和脆弱性的评估当中。但是，大多数灾害风险评估方法对于因孕灾环境导致的致灾因子趋势性及周期性问题和灾害出现并发、群发或链发问题，则尚未得到较好的解决。本书研究中针对孕灾环境稳定性评价，在风暴潮数值计算及危险性评价以及风险分析等方面充分考虑孕灾环境影响，不单独评价。

风暴潮灾害风险是风暴潮灾害损失发生的可能性及不确定性的度量，由于风暴潮致灾因子的多样性和承灾体的特殊性，风暴潮灾害风险比其他灾害风险具有更大的不确定性（石先武等，2013）。风暴潮灾害风险系统组成如图2.4所示，风暴潮灾害风险的评估主要包括致灾因子的量化评估和考虑孕灾环境影响下的承灾体的脆弱性评估及其二者的综合（图2.5）。

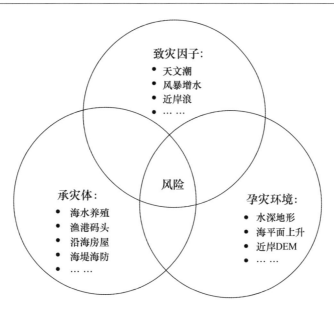

图 2.4　风暴潮灾害风险系统组成

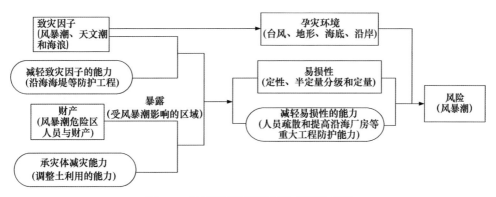

图 2.5　风暴潮灾害风险评估的理论框架

风暴潮灾害致灾因子：风暴潮灾害致灾因子主要包括风暴增水、天文潮、近岸浪及风暴潮导致的内陆海水淹没等，河口地区上游洪水径流与风暴潮耦合会加剧河口区风暴潮致灾因子的作用后果。风暴潮灾害致灾因子评估主要采用数值模拟、物理模型和现场调查等手段，对风暴潮灾害致灾因子强度及其分布进行科学量化。

风暴潮灾害承灾体：海岸带地区是受风暴潮灾害影响最为严重的区域，海岸带地区人口及财产分布是风暴潮灾害的主要承灾对象。海堤海塘等海岸构筑物受风暴潮、近岸浪的冲刷容易发生结构失稳损坏，近岸的海水养殖产品及海水养殖设施也会因近岸浪的冲毁受损。风暴潮灾害造成的海水淹没深入内地最远可达数千米，港口码头、海滨浴场、沿海产业园区、电力和通信设施、交通设施等都可能受到风暴潮灾害的影响。厘清风暴潮灾害承灾体的分类及分布是开展风暴潮灾害风险评估的基础。本书风暴潮灾害风险评估中，考虑数据的可获取性，承灾体脆弱性评价基于土地利用数据进行风暴潮灾害脆弱性的定性等级评估。

风暴潮孕灾环境：海岸带作为海陆交界处的空间连接单元，具有独特的地形地貌和地理位置，孕育风暴潮灾害的发生、发展和消亡。风暴潮灾害的孕灾环境包括近海的水深地形、近岸的 DEM 等地理环境以及台风、海平面上升等物理环境。沿岸水深地形的分布是风暴增水的重要影响因素，直接决定了风应力作用下沿岸潮位的高低；近岸的 DEM 是风暴潮引发海水上岸造成内陆洪水的重要影响因素。气候变化背景下，沿海地区未来面临海平面长期上升的变化趋势，会加剧沿海地区风暴潮灾害危险性，对风暴潮灾害风险评估结果有重要影响（方佳毅，2018）。

2.3.2　风暴潮灾害风险评估尺度

灾害风险评估的尺度与研究区域空间范围大小、空间分辨率的高低直接相关（刘耀龙，2011），通常可分为大尺度、中尺度、小尺度等。依据风暴潮灾害风险评估的应用目标、技术方法、评估内容和评估单元的不同，本书将风暴潮灾害风险评估分为国家、省、县 3 个不同的尺度（表 2.6）。从国家尺度、省尺度到县尺度，风暴潮灾害风险评估成果的应用目标服务对象从宏观到微观，风暴潮灾害风险评估的技术方法越来越复杂，风暴潮灾害风险评估的基本空间单元越来越细，风暴潮灾害风险评估的内容越来越丰富（表 2.7）。国家尺度的空间范围大于 10×10^4 km²、空间分辨率为 1 km 网格或比例尺达到 1∶100 万，省尺度空间范围为 $1\sim10\times10^4$ km²，空间分辨率不低于 100 m 网格或比例尺达到 1∶25 万，县尺度空间范围一般小于 1×10^4 km²，空间分辨率达到 10 m 网格或比例尺不低于 1∶1 万。

表 2.6　灾害风险评估不同空间尺度对比

尺度大小	行政区划	空间范围/km²	空间分辨率	比例尺大小
大尺度 国家尺度	国家	>10×10^4	1 km 网格 1∶100 万	小比例尺
中尺度 省尺度	省 自治区 直辖市	$1\sim10\times10^4$	100 m 网格 1∶25 万	中比例尺
小尺度 县尺度	县 县级市 市辖区 林区旗	<1×10^4	10 m 网格 1∶1 万	大比例尺

表 2.7　风暴潮灾害风险评估不同尺度评估内容和评估单元

尺度	比例尺	危险性	脆弱性	风险	评价单元
国家尺度	1∶100 万	√			沿海县级行政区
省尺度	1∶25 万	√	√	√	沿海乡镇级行政区
县尺度	1∶1 万	√	√	√	沿海村（社区）

2.3.2.1　国家尺度

国家尺度风暴潮灾害风险评估面向国家沿海空间规划等宏观需求，分析研究风暴潮灾害强度、发生频率，评估风暴潮灾害危险性，编制比例尺不低于 1∶100 万的全国沿海（包括重要海岛）危险性等级分布图及相关图件，旨在掌握全国沿海风暴潮灾害危险性等级分布，主要服务于宏观层面的国土空间规划、全国海岸带保护与利用规划、国家战略的空间布局，为国家经济社会发展规划、沿海开发、海岸带管理、海域海岛管理以及国家防灾减灾决策提供科学依据。

国家尺度风暴潮灾害风险评估主要针对沿海地区风暴潮灾害危险性，基于沿海地区验潮站站点历史观测资料，采用经验概率统计分析方法，从宏观层面分析沿海地区风暴潮灾害危险性等级空间分布特征，以沿海县为单元开展风暴潮灾害危险性区划，综合判定沿海地区风暴潮灾害高危险区。

2.3.2.2　省尺度

省尺度风暴潮灾害风险评估面向工程设计、产业园区建设及沿海经济发展布局规划等需求，评估省域沿海风暴潮灾害危险性、承灾体脆弱性及风险，编制比例尺不低于 1∶25 万的省域范围内风险等级分布图及相关图件，主要服务于省级产业园区空间规划、海洋牧场规划、重要工程选址等。

省尺度风暴潮灾害风险评估采用风暴潮数值模式，通过数值模拟、经验统计等手段分析研究区域 2′ 岸段风暴潮灾害危险性。基于研究区域土地利用分类数据，建立土地利用一级分类要素类型与风暴潮灾害脆弱性等级的对应关系，开展研究区风暴潮灾害脆弱性等级评估。在此基础上，以沿海乡镇为空间单元，综合考虑风暴潮灾害危险性等级和脆弱性等级开展风暴潮灾害风险等级评估。

2.3.2.3　县尺度

县尺度风暴潮灾害风险评估面向沿海地方政府防灾减灾、风暴潮灾害应对、应急预案制定等基层需求，采用风暴潮漫堤漫滩数值模式，分析计算可能最大、不同等级风暴潮淹没范围及水深，综合评估致灾因子危险性、承灾体脆弱性及风险，编制县尺度比例尺不低于 1∶1 万风险等级分布图及相关图件，为工程设计、灾害保险、应急疏散、区域防灾减灾备灾和区域发展规划等提供科学依据，主要服务于沿海地方风暴潮灾害应对和风暴潮防潮防洪防汛决策。

县尺度风暴潮灾害危险性评估采用风暴潮数值模拟技术，考虑漫堤漫滩，模拟极端情景下台风和温带风暴潮淹没范围及水深分布，基于研究区域可能最大台风风暴潮淹没范围及水深分布进行风暴潮灾害危险性等级评估。风暴潮灾害脆弱性评估以土地利用现状一级类区块单元作为评估空间单元，根据不同的土地利用现状一级类型确定对应空间单元的脆弱性等级，建立研究区域内土地利用二级分类要素类型与风暴潮灾害脆弱性等级对应关系，考虑评估区域内重要承灾体分布，评估研究区域风暴潮灾害脆弱性等级。综合考虑评估单元内危险性等级和脆弱性等级，确定县尺度评估单元的风险等级。

2.3.3 风暴潮灾害风险评估技术流程

风暴潮灾害风险评估的技术流程包括基础资料的收集与整理、模型方法的构建与验证、区域风险分析、风险结果区划、成果制图与报告编制以及对策建议提出等（图2.6）。资料收集与整理是根据评估区域风险评估和区划的尺度，收集和整理评估区域历史灾害、承灾体、基础地理、社会经济现状、沿海开发利用和社会发展规划等相关资料；根据资料收集状况进行分析判断，必要时开展补充调查，保证数据的现势性。方法校验主要是针对评估区域，选择评估的尺度，构建开展评估所需的数学方法和模型，并通过历史观测资料等对模型模式进行充分验证，保证方法有效并满足区域开展风暴潮灾害风险评估的需要。风险分析是针对评估区域风暴潮灾害特点，分析风暴潮灾害危险性、脆弱性及综合风险，并基于分析结果进行风险等级的判定。风险区划是基于评估区域风险分析的经过，确定风险区划的空间单元，对评估区域每个评估单元内风暴潮灾害风险等级进行综合和大小的分级。成果制图是根据风险分析和风险区划的结果，制作符合沿海地区风暴潮灾害防灾减灾需求的成果图件，保证风暴潮灾害风险评估成果的科学性和可用性。对策建议是基于评估区域风暴潮灾害风险评估成果，结合评估区域风暴潮灾害的影响特点，提出评估区域有针对性的风暴潮灾害防灾减灾对策与建议。

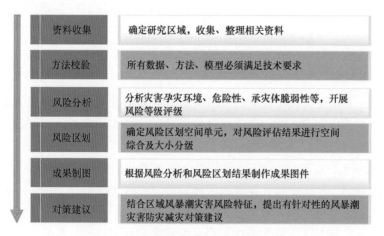

图 2.6 风暴潮灾害风险评估的技术流程

2.4 风暴潮灾害风险制图

2.4.1 风暴潮灾害风险图的意义和用途

　　灾害风险地图是通过可视化的手段将风险评估结果以地图形式多角度地展示出来，不仅有十分显著的社会经济效益，而且还能为风险评估成果的应用提供强有力的科学支撑（王静爱等，2011）。风暴潮灾害风险评估系列成果图是风暴潮灾害风险评估的重要工作成果之一，制定一个统一、规范化、可操作性强的风险制图准则是非常有必要的。通过地图规范化的信息表达可以科学性、艺术性地展示风暴潮灾害风险评估的成果，进一步提高风暴潮灾害风险评估成果的使用价值。

　　风暴潮灾害风险图是风暴潮灾害风险信息最重要的载体。对普通公众和海洋防灾减灾行政管理人员，风暴潮灾害风险图能发挥不同的用途（图2.7）。普通公众可以通过风暴潮灾害风险图了解所在区域的风暴潮灾害风险，社区层面可基于风暴潮灾害风险图开展科普宣传和日常风暴潮灾害应急演练，同时在风暴潮灾害应急期间也可作为公众开展应急疏散的参考依据。对于海洋防灾减灾行政管理者而言，风暴潮灾害风险图可以在涉海空间规划编制、风暴潮灾害期间灾害影响预判、风暴潮灾害应急预案制定和风暴潮灾害应急疏散决策支持等方面发挥重要作用。对商业市场

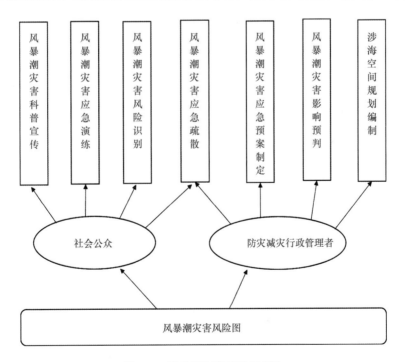

图 2.7　风暴潮灾害风险图用途

上转移风暴潮灾害风险而言，风暴潮灾害风险图是保险公司开展沿海标的物费率厘定的重要参考依据。

2.4.2　风暴潮灾害风险图的信息表达

各类风暴潮灾害风险图应运用简明、清晰、协调的图式方法揭示各专题信息。依据风暴潮灾害风险评估的层级和对象，风暴潮灾害风险制图分为国家、省、县三级尺度。国家、省、县三级尺度的风暴潮灾害风险图建议制图比例尺分别为1：100万、1：25万、1：1万，具体的成图比例尺可根据表达区域与图幅的大小予以确定，不同尺度下风暴潮灾害风险制图内容如表2.8所示。风暴潮灾害风险制图的核心在于以基础地理信息要素为底图，合理突出灾害风险专题要素，通过符号设计、色彩设计等手段向用图者传递风暴潮灾害风险等级和风险分布信息。风暴潮灾害风险图制图过程如图2.8所示，它是基于风暴潮灾害风险信息，结合制图者的地图认知，通过符号和色彩向用图者解译关心区域的风暴潮灾害风险信息。

表2.8　风暴潮灾害风险评估制图内容体系

尺度	图名	制图的指标和内容
国家尺度	不同等级风暴潮灾害发生频率空间分布图	频率、强度
	不同重现期风暴潮灾害危险性等级分布图	频率、强度
	全国沿海风暴潮灾害危险性等级分布图	危险等级
	全国沿海风暴潮灾害危险性区划图	危险等级
省尺度	省尺度沿海风暴潮灾害危险性等级分布图	危险等级
	省尺度沿海风暴潮灾害承灾体脆弱性等级分布图	脆弱性等级
	省尺度沿海风暴潮灾害风险等级分布图	风险等级
	省尺度风暴潮灾害风险等级区划图	风险等级
县尺度	县尺度可能最大风暴潮淹没范围及水深分布图	强度
	县尺度风暴潮灾害危险性评价图	危险等级
	县尺度风暴潮灾害承灾体脆弱性评价图	脆弱性等级
	县尺度风暴潮灾害风险评价图	风险等级

风暴潮灾害风险图中的符号和色彩主要用于表示风暴潮灾害发生的位置、频率、强度及空间分布规律等信息。风暴潮灾害风险图的色彩既要有对比又不宜过多过重，用较少的色彩清晰地表达地图主题的内容层次、相互关系与分布规律是地图设计的基本原则。依据风暴潮灾害危险性、承灾体脆弱性和风险的程度选用红、橙、黄、蓝四色表示由重到轻不同的级别，色系和色值选择如表2.9所示。风暴潮灾害风险图图面整饰包括地图排版、字号大小、线划粗细的设计以及比例尺、指北针、图例位置的摆放，可根据实际情况予以调整。

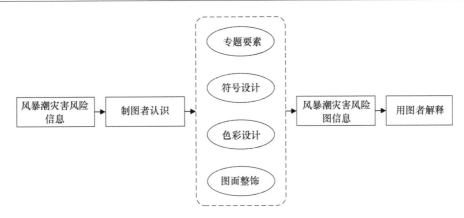

图 2.8　风暴潮灾害风险图制图认知过程

表 2.9　风暴潮灾害致灾因子危险性、承灾体脆弱性和风险色彩设计

风暴潮灾害要素	等级	颜色	色值（CMYK）
危险性/脆弱性/风险	Ⅰ（高）		M100 Y100 边框 K50
	Ⅱ（较高）		M30 Y100 边框 K50
	Ⅲ（较低）		Y100 边框 K50
	Ⅳ（低）		C100 M40 边框 K50

　　根据制图表达的需要，风暴潮灾害风险图为了突出风暴潮灾害的影响，有时会显示一些受风暴潮灾害影响严重的重要承灾体，包括学校、医院、避难场所、物资储备库等。风暴潮灾害应急疏散图是在风暴潮淹没范围及水深分布基础上，考虑交通路网、避灾点、居民点等信息分布，确定需要疏散的地区居民和可通达的道路，将受风暴潮灾害影响的居民疏散到安全避灾点，标识出可行的人员疏散方向和路径。本书提出了初步的风暴潮灾害关注承灾体和应急疏散相关要素的符合设计方案（表2.10）。

表 2.10　风暴潮灾害风险图符号设计

符号类型	符号	备注
海上锚地	⚓	颜色：C100
岛屿避灾点	●	颜色：M100 Y100

符号类型	符号	备注
应急疏散路径	- - - ➤	颜色：C60 Y100
应急避难场所		参见《地震公共信息图形符号与标志》（GB/T 24362—2009）
渔船避难场所		颜色：C100 Y100
物资储备库		颜色：M100 Y100

3 国家尺度风暴潮灾害风险评估应用研究

国家尺度风暴潮灾害风险评估和区划是利用历史观测资料，采用经验概率统计等方法，评估风暴潮灾害致灾因子危险性，形成1∶100万风暴潮灾害危险性评估图。风暴潮致灾因子主要考虑风暴增水和超警戒潮位。风暴增水是由强天气过程造成的洋面海水波动，能够反映风暴潮本身强度的大小；超警戒潮位既考虑了实际水位的影响，还反映了局部区域的实际防护能力。沿海地区验潮站和水文站数据是进行国家尺度风暴潮灾害风险评估和区划工作的基础，国家尺度风险评估和区划技术路线如图3.1所示。

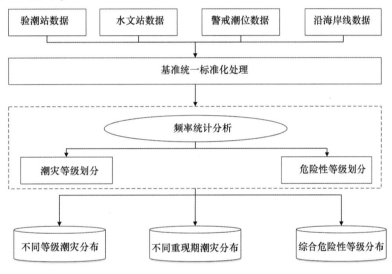

图 3.1　国家尺度风暴潮灾害风险评估技术路线

3.1　资料处理分析

3.1.1　长期站观测资料

本研究数据来源之一是中国沿海94个沿海验潮站数据，数据信息包括地理位置（包括经度和纬度）及其历史变更信息（包括验潮井位置的变更、验潮井基准的变更）、验潮时间（各验潮井验潮的起止时间）、高程基准等文档材料，以及每个验潮站建站至今的年极值增水和潮位数据。另外，收集了对应的每个验潮站的警戒潮位值［根据《警戒潮位核定方法》（GB/T 17839—1999）核定］，大部分基于当地验潮站水尺零点，并将所有验潮站警戒潮位值统一到 1985 国家高程基准。

河口和海湾地区是我国沿海风暴潮灾害的主要发生区域，国家海洋局所属的验潮站一般在开阔的海岸地带或岛屿建设，在河口和海湾的验潮站较少。为了能够更全面地了解我国沿海风暴潮灾害危险性，从浙江、福建、广东等省份警戒潮位核定报告中补充收集了长江口、珠江口以及浙江、福建沿岸等地区 16 个水文站以及 3 个验潮站的典型重现期增水、典型重现期潮位以及各站警戒潮位值数据。

国家尺度风暴潮灾害危险性评估主要基于上述收集到的沿海验潮站和水文站，为了客观反映我国沿海风暴潮灾害危险性分布，使风暴潮危险性评估结果更具科学性和适用性，选择的依据和原则是：①选择的站数量足够，可以从北到南覆盖我国沿海区域；②验潮站具有代表性，可以覆盖所在区域的风暴潮灾害特征，不能是距岸边较远的离岛站；③验潮站观测记录序列尽可能长，站点不同重现期增水和潮位计算结果足够精确；④验潮站资料丰富，尽量包含增水和潮位产品。基于上述 4 个原则，最终选用了 62 个站开展国家尺度风暴潮灾害危险性评估。

对于每个测站，验潮站观测数据获取的观测资料基于不同的参考基准，包括 1985 国家高程基准、废黄河基面、1956 年黄海高程系、吴淞基面以及验潮站的水尺零点等，不同验潮站的水尺零点起算基准也不一样，水尺零点、平均海平面、1985 国家高程基准之间存在唯一的转换关系，采用不同的指标时，一定要注意该值的计算基准（图 3.2）。需要注意的是，不同地方的平均海平面存在差异，不同验潮站的水尺零点也不一样。

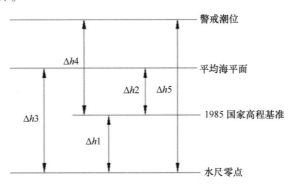

图 3.2　不同基准转化关系示意图

平均海平面：水位高度等于观测结果平均值的平静的理想海面，观测时间范围不同，有不同概念的平均海平面，如日平均海平面、年平均海平面和多年平均海平面等。一些验潮站常用 18.6 a 或 19 a 内每小时的观测值求出平均值，作为该站的平均海平面。

1985 国家高程基准：指以青岛水准原点和青岛验潮站 1952—1979 年的验潮数据确定的黄海平均海水面所定义的高程基准，其水准点起算高程为 72.260 m。高程表示地面点到基准面的距离，用来确定地面点的高低。地面点到大地水准面（俗称海平面）的铅垂距离，成为该点的绝对高程，也称海拔。

水尺零点：一般指验潮站验潮井水位测量的起算点。

3.1.2 警戒潮位值资料

本研究中收集了我国前面所述验潮站和水文站警戒潮位值，警戒潮位值是防护区沿岸可能出现险情或潮灾，需进入戒备或救灾状态的潮位既定值。收集到的警戒潮位值计算方法如下：

$$H_J = H_S + \Delta H$$

式中，H_J 为警戒潮位值，一般以厘米为单位；H_S 重现期不低于 2 a 的高潮位；ΔH 为修正值，综合分析当地历次潮灾的风、浪、潮等自然因子、实际防潮能力及社会、经济等情况，提出该值。

根据收集到每个验潮站当地平均海平面与 1985 国家高程基准、1956 年黄海高程系、吴淞基准或水尺零点的关系，为了进一步刻画我国沿海风暴潮灾害空间分布格局，将全部验潮站的年极值潮位数据转换到 1985 国家高程基准。根据各站警戒潮位值与 1985 国家高程基准之间的转换关系，将所有验潮站和水文站警戒潮位值统一到了 1985 国家高程基准。我国沿海从北（青岛水准原点）到南，平均海平面与 1985 国家高程基准关系偏差逐渐增大（图 3.3）。

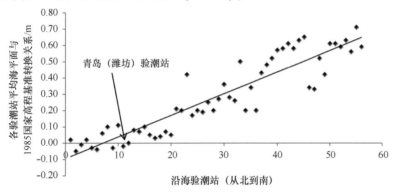

图 3.3 我国沿海验潮站平均海平面与 1985 国家高程基准转化关系

3.1.3 单站风暴潮增水和潮位期望计算

单个站点的增水和潮位频率分析主要基于历史观测资料，采用耿贝尔分布模型，获得每个验潮站或水文站不同重现期的增水或超警戒潮位（图 3.4 和图 3.5）。结合各站警戒潮位值，计算典型重现期超警戒潮位值。耿贝尔分布模型形式如下（Coles，2007）：

$$F(X) = e^{-e^{-\frac{x-\mu}{\beta}}}$$

式中，x 为样本序列，μ 为位置参数，β 为尺度参数，参数估计方法常用的有矩估计法、最小二乘法、极大似然法、概率加权矩法、L-矩估计法等。重现期计算公式如下：

$$T = \frac{1}{1 - F(X)}$$

式中，X 为 T 年一遇对应的增水或潮位值，计算公式如下：

$$X = \mu - \beta \ln\left[-\ln\left(1 - \frac{1}{T}\right)\right]$$

对于耿贝尔分布采用经验计算公式获得期望值：

$$E(X) = \mu + \gamma\beta$$

式中，γ 为欧拉常数，通常取 0.577 2。基于此计算各站风暴增水和超警戒潮位期望值。

根据上述步骤计算获得了我国沿海地区 62 个长期站典型重现期风暴增水和 60 个站的典型重现期潮位值（从北到南分布如图 3.4 和图 3.5）。

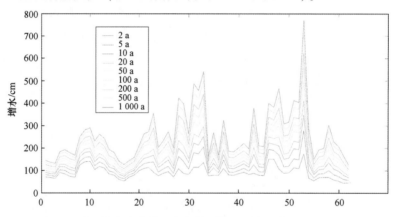

图 3.4　我国沿海验潮站和水文站（从北到南）典型重现期增水

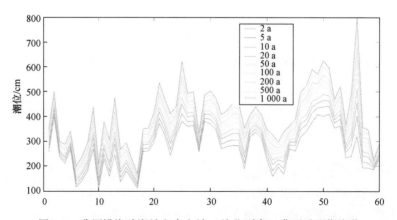

图 3.5　我国沿海验潮站和水文站（从北到南）典型重现期潮位

3.2 国家尺度不同重现期风暴潮灾害危险性分析

3.2.1 基于风暴增水的国家尺度风暴潮灾害危险性

风暴潮增水主要是由热带气旋、温带天气系统、海上飑线等风暴过境所伴随的强风和气压骤变而引起的局部海面振荡或非周期性异常升高现象，我国沿海风暴增水分布呈现一定的空间分布特征，不同区域风暴增水诱发的原因也不一样。

风暴增水反映的是我国沿海各地风暴潮灾害强度的分布情况，通过计算发现，增水期望值一般略大于 2 a 一遇的增水值，增水的期望分布与 2 a 一遇增水分布趋势基本一致。重现期越大，增水值越大。南渡站 2 a 一遇增水达到了 175 cm，1 000 a 一遇增水达到了 771 cm，居所有验潮站之首；其次是鳌江，1 000 a 一遇风暴增水达到了 542 cm。对于两个验潮站，一个验潮站的不同重现期增水值并不一定比另外一个验潮站对应重现期的增水值都大，比如 1 000 a 一遇增水值三亚站为 1.66 m，东方站为 1.26 m，而 2 a 一遇的增水值，三亚站为 0.45 m，东方站为 0.46 m。

从插值之后沿海 10 km 岸段中国沿海增水期望空间分布图（图 3.6）中可以发现，增水高值分布区主要在渤海湾、莱州湾、长江口、浙江南部沿岸、珠江口、雷州半岛东部沿岸等区域，而不同重现期增水高值除分布于上述沿海区域之外，杭州湾沿岸、福建北部沿岸和广东省的阳江、江门沿岸风暴增水分布也较大，而且不同重现期的增水空间分布格局并不完全一致。渤海湾和莱州湾受温带风暴潮影响较大，特别是塘沽、羊角沟、营口一带是温带风暴潮的频发区，历史上多次发生特大潮灾。黄河口两岸风暴增水值分布也较大，这一区域反映出来增水分布也比较大。浙江温州、台州一带是我国沿海遭受风暴潮灾害最严重的区域，登陆台风频次高，增水极值也较大。湛江东部沿海比西部沿海增水高，南渡站出现过我国有验潮记录以来最大的增水值（5.94 m）。福建省中部地区增水较低，虽然历史台风登陆偏多，但在福建南部登陆的台风很多先在台湾岛登陆，强度减弱为热带低压或热带风暴，导致在福建登陆的台风引起的风暴增水较低。对比中国沿海增水的期望分布，2 a、5 a、10 a、20 a、50 a、100 a、200 a、500 a、1 000 a 不同重现期增水的空间分布格局发现，不同重现期反映的增水空间分布趋势基本一致。

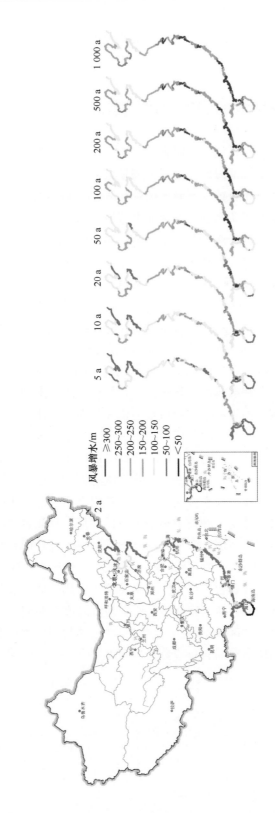

图3.6 中国沿海地区（数据资料暂不包括台湾省）典型重现期风暴增水分布

3.2.2 基于超警戒潮位的国家尺度风暴潮灾害危险性

实际潮位的空间分布可以一定程度上反映风暴潮致灾因子强度空间分布格局，但受潮差影响很大。潮位观测资料是通过设在岸边、感潮河段或沿海岛屿附近的验潮站观测记录得到的。潮位反映了沿海实际水位的分布，是风暴潮增水叠加上天文潮的结果。

本书计算得到的每个验潮站不同重现期潮位数据的起算参考标准都是当地的平均海平面，计算得到了每个验潮站的期望潮位值。通过收集每一个验潮站当地平均海平面和每一个水文站当地高程基准与 1985 国家高程基准的转换关系，将所有验潮站和水文站不同重现潮位值统一到了 1985 国家高程基准下。不同重现期潮位是基于沿海各地平均海平面潮位值，坎门站不同重现期潮位值最高，1 000 a 一遇达到了 5.93 m，三亚站 1 000 a 一遇只有 1.56 m，吕泗、温州、坎门 3 个站 1 000 a 一遇都超过了 5 m，这也是我国沿海潮差最大的区域，收集到的水文站潮位数据产品中南渡站 1 000 a 一遇潮位值达到了 7.97 m。

从我国沿海潮位分布可以发现，基于平均海平面和基于 1985 国家高程基准的高潮位分布区主要在以下区域：辽宁丹东鸭绿江口、长江三角洲河口海域、浙江东部到福建北部沿海、广西北部湾的东北沿海。中国沿海潮差分布趋势是由北向南逐渐增大，之后减小，到广东省北部由东向西又逐渐增大。总的来说，东海最大，杭州湾潮差可达 7~8 m；黄海次之，江苏沿岸潮差可达 5~6 m；渤海第三，天津塘沽沿岸潮差为 3~4 m；南海最小，广东沿岸潮差 2~4 m。河北秦皇岛和山东黄河口由于位于无潮点区，潮差最小，为 1~2 m。结合不同重现期潮位分布图，高潮位分布区基本上处于我国沿海潮差较大的区域，其中浙江和福建登陆的台风较多，不同重现期的增水分布也较大，叠加上天文大潮，浙江和福建沿海也是不同重现期潮位值最大的区域。

警戒潮位是指沿海发生风暴潮时，受影响沿岸潮位达到某一高度值，人们须警戒并防备潮灾发生的指标性潮位值，它的高低与当地防潮工程紧密相关。警戒潮位的设定是做好风暴潮灾害监测、预报、警报的基础工作，也是各级政府科学、正确、高效地组织开展减灾工作的重要依据。警戒潮位核定考虑了风暴潮致灾因子、当地的地理状况、海岸防护工程以及历史潮灾情况等信息，警戒潮位高低综合反映了当地风暴潮防御能力的大小。超警戒潮位值是反映风暴潮灾害严重程度的重要指标。

根据每个验潮站和水文站统一到 1985 国家高程基准的 2 a、5 a、10 a、20 a、50 a、100 a、200 a、500 a、1 000 a 一遇以及期望值潮位数据，计算得到了各验潮站不同重现期和期望超警戒水位值（图 3.7）。验潮站中坎门站 1 000 a 一遇的超警戒水位最大，达到了 260 cm；其次是黄骅，达到了 193 cm，警戒潮位值大多在 2 a 一遇到 20 a 一遇高潮位之间；东营港警戒潮位值为 180 cm，而 1 000 a 一遇潮位值

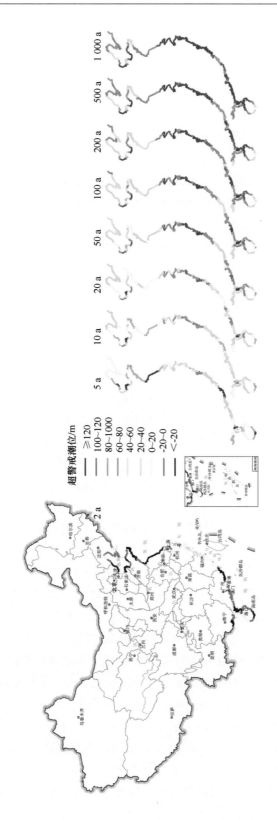

图3.7 中国沿海地区（数据资料暂不包括台湾省）典型重现期超警戒潮位分布

209 cm，100 a 一遇的高潮位才超过了警戒潮位。收集到的水文站数据中，南渡站 1 000 a 一遇潮位超过警戒潮位为 423 cm，北津港 1 000 a 一遇潮位超过警戒潮位，达到了 230 cm。

将各站不同重现期超警戒潮位值插值到 10 km 岸段，从不同重现期超警戒潮位值可以发现，超警戒潮位高值区主要在福建省东南部宁德、福州、莆田等沿海区域，浙江省温州、台州和宁波沿海岸段，渤海湾沿岸，海南岛东北部沿岸，广东珠江口北部沿岸。这些区域都是我国台风登陆较多或温带风暴潮频发的地带，超警戒水位值考虑了风暴潮自然变异和防潮能力，能够客观反映出我国沿海风暴潮灾害严重程度的分布概况。超警戒潮位空间分布与风暴增水空间分布存在显著差异，对于同一重现期的风暴增水和超警戒潮位分布，莱州湾、珠江口南部沿岸和湛江东部沿岸风暴增水较大的区域，超警戒潮位值并不一定大。风暴增水较大、潮差较大、防御能力较差的区域是超警戒潮位高值的主要分布区，警戒潮位各地存在显著差异，通过超警戒潮位值可以刻画不同区域的风暴潮灾害危险性相对严重程度。

3.3 国家尺度不同等级风暴潮灾害危险性分析

基于每个长期站风暴增水和超警戒潮位概率分布曲线，分别计算不同等级潮灾对应的超警戒潮位和风暴增水的重现期，取每个等级重现期较小者为该站点不同等级潮灾发生的年遇水平。按照最近邻准则，选取每一个岸段最具代表性的验潮站不同等级潮灾重现期为该岸段不同等级潮灾发生的年遇水平，将各岸段 4 个等级风暴潮重现期按照 2 a、5 a、10 a、20 a、50 a、100 a、200 a、500 a、1 000 a 为界限，划分为 10 个频率段，表征不同等级风暴潮发生频率空间分布，编制了一般潮灾、较大潮灾、严重潮灾和特大潮灾发生频率分布图（图 3.8）。

从一般潮灾发生频率分布图中可以发现，我国沿海绝大部分地区都受风暴潮灾害的影响，一般潮灾在沿海都可能发生，对于辽东湾沿岸、河北唐山沿岸、山东北部沿岸（威海除外）、海南南部和西部沿岸区域，受风暴潮灾害影响很小，一般潮灾发生的概率在 10~20 a 一遇，其他沿海区域一般潮灾重现期在 5 a 以下。

从较大潮灾发生频率分布图中可以发现，河北秦皇岛沿岸、辽东半岛沿岸、山东半岛威海沿岸、海南岛的南部和西部沿岸特大潮灾发生频率在 100 a 一遇以上，这些区域会受到较大风暴潮影响，但是发生频率较低；而对于其他沿岸区域，较大潮灾发生频率大都在 50 a 一遇以下，受风暴潮灾害的影响较大。

从严重潮灾发生频率分布图中可以发现，渤海湾、莱州湾、长江口、杭州湾、浙江南部到福建北部沿岸、广州南部到雷州半岛东部沿岸严重潮灾发生频率都在 50 a 一遇以下，严重潮灾一般对一个区域的生产生活造成较大影响，这些区域风暴潮灾害发生频率也较为频繁。

从特大潮灾发生频率分布图中可以发现，雷州半岛东部沿岸部分地区特大潮灾

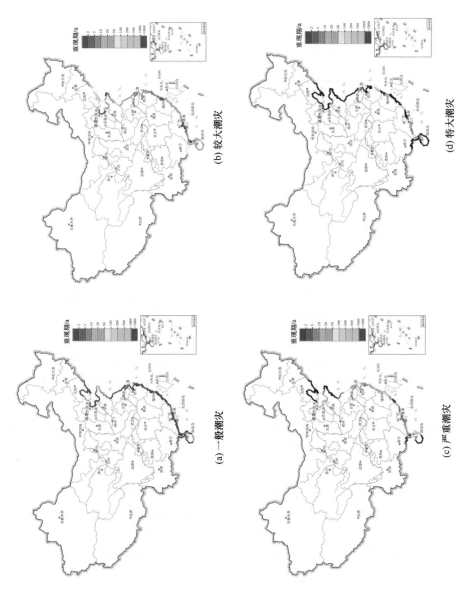

图3.8 我国沿海不同等级潮灾发生频率分布

发生在频率在 10 a 一遇以下水平，对于珠江口、浙江南部等区域，特大潮灾发生可能性在 10~50 a 一遇之间，这些区域历史上都发生过特大潮灾，这些区域是我国沿海风暴潮灾害重点防御地区，有发生风暴潮极端灾害事件甚至巨灾的可能性。

我国渤海湾底部沿岸和莱州湾沿岸是风暴潮多发区，以温带天气过程引发的风暴潮占主导因素；而长江口沿岸、福建北部福州到浙江南部台州、广东惠州、珠江口到阳江、雷州半岛东部沿岸等区域以台风风暴潮为主；南方风暴潮灾害易发区发生特大潮灾的可能性比北方要大。历史上温带风暴潮增水最大值曾达到 3.55 m，台风风暴潮增水最大值曾达到 5.95 m。长三角、珠三角一带是我国沿海经济和人口分布密集区，属于国家层面风暴潮灾害风险防范的重点区域。对于辽宁省大部分沿岸、河北唐山沿岸、山东北部沿岸、海南南部和西部沿岸受风暴潮灾害影响较小区域，几乎不可能发生较大风暴潮灾害。

3.4　国家尺度风暴潮灾害危险性区划

国家尺度仅开展风暴潮灾害危险性区划，主要反映我国沿海地区风暴潮灾害宏观层面危险性等级空间分布。本书选择风暴增水和超警戒潮位值两个指标，评价我国沿海 10 km 岸段单元的风暴潮灾害危险性。将我国大陆海岸线划分为每 10 km 一段的岸段，基于沿海 10 km 岸段风暴增水和超警戒潮位期望值（表 3.1），综合确定该岸段风暴潮灾害危险性等级。

表 3.1　国家尺度风暴潮灾害危险性等级划分方案　　　单位：cm

危险等级	I	II	III	IV
风暴增水	$[120, +\infty)$	$[100, 120)$	$[80, 100)$	$(0, 80)$
超警戒潮位	$[20, +\infty)$	$[10, 20)$	$[0, 10)$	$(-\infty, 0)$

基于沿海各县所属岸段风暴增水和超警戒潮位期望值（图 3.9），确定沿海各县的风暴潮灾害危险性等级。风暴增水的危险性用 H_Z 来表示，超警戒潮位的危险性用 H_s 表示，每一个 10 km 岸段，取风暴增水和超警戒潮位危险性等级较高者作为该岸段的危险性等级。每个岸段的风暴潮综合危险性（图 3.10）用 H 表示：

$$H = Max(H_Z, H_s)$$

对于沿海县，找到每个县所包含的 10 km 岸段单元，每个县所辖岸段的风暴潮综合危险性等级最高者代表该县的风暴潮综合危险性。每个县的风暴潮综合危险性等级用 H_c 表示：

$$H_c = Max(H_1, H_2, \cdots, H_n)$$

基于我国风暴潮灾害综合危险性等级分布，以沿海县为单元，对我国沿海各县进行风暴潮灾害危险性评估和区划，区划结果如图 3.11 所示。基于我国沿海风暴潮危险性等级区划分布结果统计（表 3.2），我国沿海共 256 个县级行政机构，其中 87

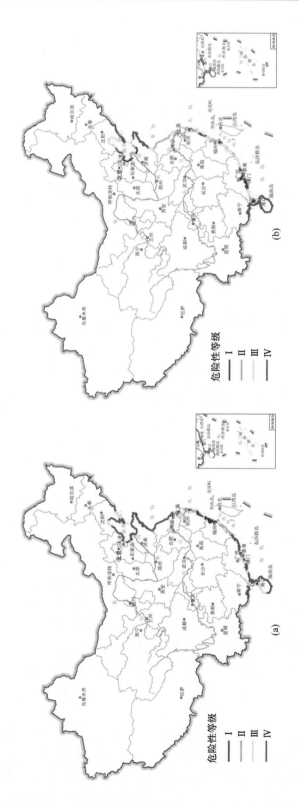

图3.9 我国沿海10 km岸段危险性等级分布

(a)为基于超警戒潮位，(b)为基于风暴增水

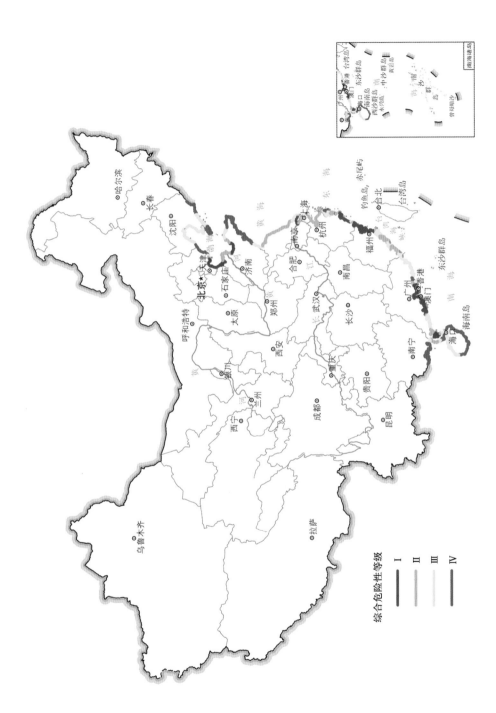

图3.10 我国沿海综合危险性等级分布

综合危险性等级
Ⅰ
Ⅱ
Ⅲ
Ⅳ

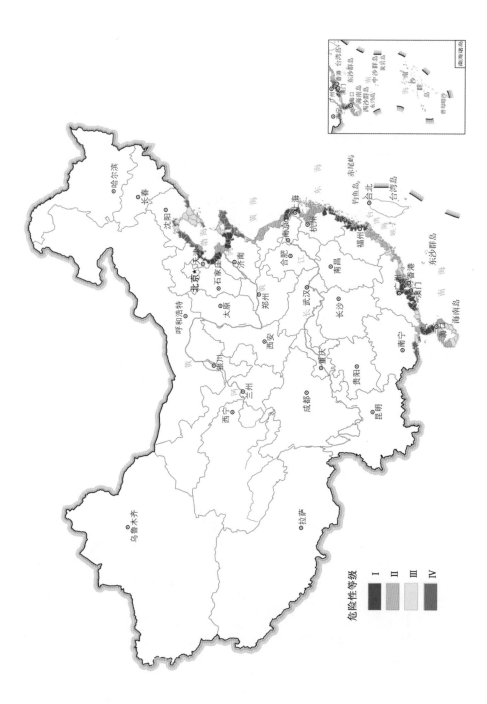

图3.11 我国沿海各县危险性区划等级分布

危险性等级
I
II
III
IV

个县风暴潮灾害危险性等级为Ⅰ级，67 个县风暴潮灾害危险性等级为Ⅱ级，62 个县风暴潮灾害危险性等级为Ⅲ级，40 个县风暴潮灾害危险性等级为Ⅳ级，处于Ⅰ级危险性等级的县最多，说明我国沿海风暴潮灾害防灾减灾形势非常严峻，各危险性等级主要分布区域如表 3.2 所列。

表 3.2　沿海县级单元风暴潮危险性区划结果统计

危险等级	县数	分布区域
Ⅰ级	87	渤海湾底部沿岸； 莱州湾沿岸； 长江口沿岸； 福建北部福州到浙江南部台州； 广东惠州、珠江口到阳江； 雷州半岛东部沿岸
Ⅱ级	67	黄河口沿岸； 苏北浅滩沿岸； 杭州湾沿岸； 福建莆田到漳州沿岸
Ⅲ级	62	黄海北部； 辽东湾沿岸； 胶东半岛北部沿岸； 广东揭阳、汕头、潮州沿岸； 福建漳州、泉州部分沿岸
Ⅳ级	40	鸭绿江口沿岸； 河北秦皇岛和唐山北部沿岸； 成山头-青岛沿岸； 广西防城港沿岸； 海南东南部和南部沿岸

国家尺度风暴潮灾害风险评估和区划仅进行危险性评估，主要基于沿海验潮站历史观测资料。历史观测资料的可靠性直接决定了评估的结果和精度。不同的验潮站验潮时间长短序列不同，验潮起止时间不一致，采用耿贝尔方法建立各个验潮站增水及潮位概率分布曲线时，计算得到的各验潮站不同重现期增水和潮位不同完全反映我国沿海在同一时空尺度下风暴潮灾害强度分布。

3.5　国家尺度风暴潮灾害防治对策与建议

历史上我国风暴潮灾害造成的人员伤亡和财产损失触目惊心，随着我国社会经济的不断发展，沿海地区地方政府加强了防潮工程体系与非工程措施建设，沿海防潮能力有了明显提高。国家层面也加强了风暴潮灾害的风险防范，国家海洋局在

2012年7月12日发布了《风暴潮、海浪、海啸和海冰灾害应急预案》，要求台风登陆前及时发布风暴潮预警报。部分地方政府制定了相应的应急预案，有效提高了海洋灾害预防和应对能力，风暴潮来临前有效实施了人员疏散安置，人员伤亡近年来急剧减少，风暴潮灾害防灾减灾取得了明显成效。

我国沿海岸线曲折复杂而且漫长，一年四季几乎都有台风登陆，特大潮灾常常导致沿海居民倾家荡产、家破人亡，沿海地区风暴潮灾害防灾减灾形势依然严峻。风暴潮灾害风险评估和区划可以为风暴潮灾害防灾减灾提供科学决策支持，以便沿海地方政府科学地应对风暴潮灾害，最大限度地减少风暴潮灾害造成的财产损失和人员伤亡，保障人民生命和财产安全，维护国家和社会稳定。长三角、珠三角等地是我国经济最发达的地区，一旦发生较大的风暴潮灾害，会造成大量人员伤亡和财产损失。风暴潮灾害影响范围广、发生频率高、造成损失大，已成为威胁我国沿海人民生命财产安全和制约沿海经济发展的重要灾害之一。国家尺度风暴潮灾害风险评估和区划成果主要为国家宏观层面提供决策支持，从国家层面如何加强对风暴潮灾害的应急与管理已成为政府部门的当务之急。

结合本章节的研究，基于国家尺度风暴潮灾害危险性区划结果，对加强我国沿海地区风暴潮灾害风险防范提出如下对策和建议。

Ⅰ级危险性分布区：这些区域在我国历史都发生过特大潮灾，造成大量人员伤亡和财产损失，特别是Ⅰ级分布区内的经济发达和人口稠密地区是我国沿海风暴潮防范的重点区域。渤海湾底部沿岸、莱州湾沿岸以温带风暴潮为主，长江口沿岸、福建北部福州到浙江南部台州、广东惠州、珠江口到阳江沿岸、雷州半岛东部沿岸主要受台风风暴潮影响。

灾前风险防范方面，对于这些区域应提高验潮站观测密度和精度，实现多要素的实时观测。加强风暴潮监测预报能力建设，有专门的预报台实时发布预警报；提高海堤等风暴潮防潮设施防御标准，重点工程防御能力达到50~100 a一遇。沿海重点工程建设时，在可行性论证阶段必须考虑风暴潮灾害影响；在沿海市（县）开展风暴潮灾害风险评估和区划工作研究，建立风暴潮灾害辅助决策支持系统，开展风暴潮灾害重点防御区划定工作；在沿海乡村或社区，做好风暴潮灾害应急演练和风暴潮灾害防灾避灾的宣传教育；在经济发达地区，开展风暴潮灾害风险转移预研，尝试推进政策性风暴潮灾害保险试点。

灾中应急响应方面，编制省-市-县-乡镇风暴潮灾害应急预案，地方政府应针对不同等级潮灾启动响应预案，加强汛期风暴潮灾害的预警报和防灾备灾工作。建立专门的风暴潮应急通讯平台，提高汛期通信保障能力。

灾后应急处置方面，做好风暴潮灾害应急疏散路径、历史淹没水深、警戒潮位标识以及其他一些风暴潮避灾标识。成立风暴潮灾害应急处置与救援协调队伍，建设覆盖风暴潮灾害多发区物资储备库。对受风暴潮灾害影响较严重的成灾体标的，推进开展海洋灾害风险，研发符合多发利益需求的风暴潮灾害保险产品。

Ⅱ级危险性分布区：这些区域有发生特大潮灾的可能性，潮灾发生的频率也较高，是我国沿海风暴潮灾害重要防范区域。

灾前风险防范方面，加强人口稠密和经济发达地区预警报能力建设，在风暴潮灾害易发区布设海洋观测站，能够在汛期实时发布预警报。沿海市县应编制风暴潮灾害应急预案，选择重要地区开展风暴潮灾害重点防御区划定工作。

灾中应急响应和灾后应急处置方面，重点地区设定风暴潮应急避难标识。对于处于Ⅱ级危险性等级分布区的沿海区域，一旦发生特大潮灾，防潮能力不足以抵御，应该加强风暴潮防灾减灾措施建设，防护工程的防潮设施应达到 20~50 a 一遇。在重点区域布设物资储备库，地方政府应具备应对特大潮灾能力。有条件的经济发达地区开展灾害保险试点。

非工程风暴潮防御措施方面，应向沿海地区居民普及风暴潮防灾减灾常识，加强汛期风暴潮应急演练，对易淹没区域的高建筑物、桥梁、公共场所等标记历史最大淹没水深痕迹，布设风暴潮应急疏散路径以及避险引导标识。

Ⅲ级危险性分布区：这些沿海区域历史上发生过严重潮灾，发生特大潮灾的可能性较小，潮灾发生的强度不大，发生频率为中等水平。

灾前风险防范方面，区域内应建有海洋站监测海域状况，能够在风暴潮灾害影响期间发布灾害预警报，地方政府应具备严重潮灾应对能力，在省、市层面应编制风暴潮灾害应急预案。沿海工程防御能力应达到 10~20 a 一遇的防御标准，人口稠密和经济发达地区工程防御标准应为较高等级。在非工程风暴潮防灾措施方面，加大风暴潮灾害宣传普及教育，提高沿海居民的风暴潮灾害防潮意识。

Ⅳ级危险性分布区：这些区域受风暴潮灾害影响较小，发生潮灾强度较小，频率也较低，省级政府应制定风暴潮灾害应急预案，具备一定的风暴潮应对能力，一般区域不需要建设防潮设施。在非工程风暴潮防灾措施方面，适当开展风暴潮灾害宣传普及教育，提高沿海居民的风暴潮灾害防灾减灾意识。

4 省尺度风暴潮灾害风险评估应用研究

河北省沿海地区是环渤海经济圈核心地带,海洋资源丰富,港口运输、海盐、海洋水产业在全国具有独特优势。风暴潮是影响河北省的主要自然灾害之一,河北省沿海既受台风风暴潮的影响,又受温带风暴潮的影响,同时,风暴潮灾害具有显著的季节特点,是我国沿海地区受风暴潮灾害影响最为典型的区域。据历史风暴潮灾害资料统计,发生风暴潮灾害的地区以沧州沿海县为最多,唐山沿海各县次之,秦皇岛沿海各县较少(郭迎春,1997)。

本章节选择河北省为典型案例,开展省尺度风暴潮灾害风险评估和区划方法实证研究,技术路线如图 4.1 所示。收集整理了河北省沿海地区基础地理、社会经济、土地利用、沿海大型工程、海堤、水文气象、海洋灾害等基础资料,在此基础上利用风暴潮数值模式和综合分析等方法,以县和乡镇为评估单元,开展了风暴潮灾害危险性评估、脆弱性评估以及灾害风险评估和区划,明确河北省沿海地区风暴潮灾害高风险区,提出科学应对风暴潮灾害高风险区的对策和建议,为河北沿海地区政府和相关部门的决策提供参考依据。

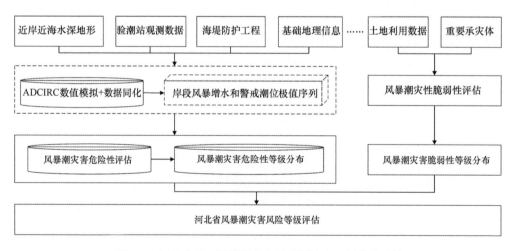

图 4.1 河北省尺度风暴潮灾害风险评估和区划技术路线

50

4.1 资料处理分析

4.1.1 基础地理底图

河北省1：25万DLG数据来源于河北省测绘局测绘数据，包括境界（省、市、县）、居民地、交通、陆地水系、地形、岸线等基本要素，对数据进行了拼接、投影转换等预处理，同时征求地方专家意见，将曹妃甸港、黄骅港等地区的新填海造地进行了补充，并将天津市辖区内所属河北的芦台农场和汉沽农场在地图上进行标出，最终形成了河北省海洋灾害风险评估和区划试点制图底图。

4.1.2 土地利用现状数据

本书评估采用2010年河北土地利用现状数据，包括了3个沿海市共11个沿海县的土地利用现状数据，土地利用类型包括了8个一级类、34个二级类，对各县数据进行拼接、投影转化等预处理，最终形成河北省沿海县土地利用现状数据；同时该数据提供了沿海各县的乡镇边界数据，提取了沿海乡（镇）边界数据，作为河北省乡（镇）空间单元海洋灾害风险区划图专题图制作的基础数据。

4.1.3 沿海堤防数据

河北省海岸线上分布有基岩海岸、砂质海岸和淤泥质海岸。基岩海岸段主要分布于秦皇岛附近的山海关、海港、北戴河区域内。在此海岸内，由于海岸相对稳定，地面坡度陡，相对高度大，冲淤基本平衡，基本能靠自然地形防御海潮的袭击。砂质海岸主要位于秦皇岛市的抚宁、昌黎和唐山市的乐亭县内。淤泥质海岸主要位于唐山市的唐海、滦南、丰南和沧州市的黄骅、海兴等县内。河北省沿海岸堤防均建在砂质和淤泥质段内。

根据河北省防汛抗旱指挥部办公室提供的沿海堤防现状资料，在河北省境内现有挡潮堤防工程394.21 km，各种挡潮建筑物204座，其中，秦皇岛市海堤设防标准为50 a一遇或30 a一遇，以浆砌石挡土墙式海堤为主（表4.1）；唐山市海堤设防标准为30 a一遇或5 a一遇，以土堤为主（表4.2）；沧州市海堤设防标准为30 a一遇，以土堤、混凝土护坡或浆砌石护坡为主（表4.3）；海堤多为1998年前后新建，部分海堤在之后进行加固，形成了沿河北省海防潮减灾的防护体系。

表 4.1 秦皇岛市沿海海堤现状

县别	位置	海堤现状	现状堤顶/cm	现状标准/a	长度/km	型式	备注
市区	石河口	有堤	313	50	1.6	浆砌石挡土墙	1998 年新建
	石河—沙河	部分有堤	313	50	3.4	浆砌石挡土墙	1998 年新建
	汤河口	无堤	—	—	—	—	—
	汤河—海洋花园	无堤	—	—	—	—	—
	新河左	无堤	—	—	—	—	—
	新河口	无堤	—	—	—	—	—
	戴河口	有堤	313	50	1.4	浆砌石挡土墙	1998 年新建
小计		—	—	—	6.4	—	—
抚宁	南戴河一小区	有堤	330	50	3.32	浆砌石挡土墙	1998 年建 0.5 km
	南戴河二小区	有堤	330	50	6.28	土堤、浆砌石挡土墙	其中护砌 3.0 km
	南戴河三小区	无堤	—	—	—	—	—
小计		—	—	—	9.6	—	—
昌黎	东沙河口	有堤	310	30	3.8	浆砌石挡土墙	1998 年新建
	东沙河右	有堤	360	30	0.62	浆砌石挡土墙	1998 年新建
	大蒲河码头	无堤	—	—	—	—	—
	大蒲河河口	部分有堤	—	—	2	浆砌石挡土墙	黄金海岸 2.0 km
	大蒲河右	有堤	360	30	1.3	土堤	—
	大蒲河—赤洋口	有堤	360	30	4.37	浆砌石挡土墙	1998 年新建
	大峪—三角洲	无堤	—	—	—	—	—
	滦河三角洲	有堤	360	30	9.1	浆砌石护坡	1998 年新建
小计		—	—	—	21.19	—	—
合计		—	—	—	37.19	—	—

表 4.2 唐山市沿海海堤现状

县别	位置	海堤现状	现状堤顶/cm	现状标准/a	长度/km	型式	备注
乐亭	滦河口防潮埝	部分有堤	300	<5	5	土堤	1998年新建5 km
	二滦河河口	有堤	350	30	2.075	土堤	1998年加固7 km
	二滦河—臭沟子	有堤	400	30	8.85	土堤	—
	臭沟子左堤	有堤	400	<5	3.65	土堤	—
	臭沟子右堤	有堤	400	30	2.75	土堤	—
	臭沟子—湖林河口	有堤	400	30	2.675	土堤	桩号39+372~52+094，60+164~74+342共27 km 1998年进行加固
	湖林河口—小河子	有堤	400	30	13.975	土堤	
	小河子河口	有堤	400	30	2.35	土堤	—
	小河子—老滦河	有堤	400	30	6.2	土堤	—
	老滦河左堤	有堤	400	30	6.892	土堤	—
	老滦河右堤	有堤	400	<5	4.358	土堤	—
	老滦河—新河	有堤	400	<5	22.15	土堤	—
	新河河口	有堤	400	<5	2.825	土堤	—
小计	—	—	—	—	83.75	—	—
滦南（东部）	小青河河口	有堤	370	<5	4.347	土堤抛石护脚	—
	二泄河口	有堤	370	<5	12.23	土堤抛石护脚	—
	二泄—溯河口	有堤	370	<5	9.79	土堤抛石护脚	—
	溯河河口	有堤	370	<5	30.21	土堤抛石护脚	—
	溯河—小青龙河	有堤	350~390	<5	11.58	土堤抛石护脚	2006年加固1.1 km抛石
	小青龙河河口	有堤		<5	5.7	土堤抛石护脚	—
小计	—	—	—	—	73.857	—	—

续表

县别	位置	海堤现状	现状堤顶/cm	现状标准/a	长度/km	型式	备注
曹妃甸	河口堤	部分有堤	390		23.18	土堤	—
	海堤	有堤	390	30	3.19	浆砌石挡土墙	1998年新建1.0 km,加固4.0 km海堤
	河口堤	—	—	—	—		—
	海堤	有堤	390	30	4.33	浆砌石挡土墙	—
小计		—	—	—	30.7	—	—
滦南（西部）	双龙河河口（原唐海界）—双龙河	有堤	370	<5	15.22	干砌石护坡	2005年加固1.8 km干砌石
	双龙河—双龙故道	有堤	395	30	7	土堤	2000年加固河口堤11 km抛石;
	双龙河故道河口	有堤	395	30	7	土堤	2003年加固双龙河口7 km抛石;
	双龙故道—排水渠	有堤	395	30	10	土堤	—
	排水渠河口	有堤	395	30	2	土堤	—
	排水渠—丰南界	有堤	395	30	5	土堤、干砌石护坡	1998年加固,其中桩号279+725~282+725为干砌石护坡
					9.4		
小计		—	—	—	55.62	—	—
丰南	滦南界—南堡界	有堤	390	<5	3.6	土堤	—
	南堡界—沙河防潮闸	有堤	370	<5	15.6	土堤	—
	沙河右堤	有堤	370~406	30	4.4	土堤	1998—2005年新建
	黑沿子—陡河	有堤	406	30	11.4	干砌石护坡	1998—2005年新建
	陡河河口	部分有堤	406	30	4.6	土堤	虾池围埝
	陡河口—县境	有堤	370	<5	4	土堤	—
小计		—	—	—	43.6	—	—
合计		—	—	—	287.55	—	—

表 4.3 沧州市沿海海堤现状

县别	位置	海堤现状	现状堤顶/cm	现状标准/a	长度/km	型式	备注
	北排河口	部分无堤	412	30	2.80	土堤或混凝土护坡	桩号 1+300～1+650，1+820～2+773 段为混凝土护坡
	北排河—捷地减河	部分有堤	412～530	30	1.04	土堤或混凝土护坡	桩号 2+773～3+182，3+400～3+940 段为混凝土护坡；桩号 3+200～3+400 为岐口渔码头
	捷地减河口	无堤	—	—	—	—	—
	捷地减河—老石碑河	有堤	530	30	1.45	混凝土护坡	—
	老石碑河口	无堤	—	—	—	—	—
黄骅	老石碑河—南排河	部分无堤	530	30	8.29	混凝土护坡或浆砌石护坡	—
	南排河—新黄南排干	有堤	530	30	13.15	混凝土护坡	桩号 20+491～23+255 为南排河涵河口
	新黄南排干河口	有堤	350～460	—	1.20	浆砌石护坡	沿海防潮路桥向上游左右岸各护砌 0.6 km
	新黄南排干—县界	部分有堤	530	30	1.76	混凝土护坡或浆砌石护堤	桩号 37+337～39+100 为混凝土护坡及浆砌石护堤
小计	—	—	—	—	29.69		

续表

县别	位置	海堤现状	现状堤顶/cm	现状标准/a	长度/km	型式	备注
港区	县界—大口河河口	有堤	462	30	16.82	浆砌石护坡	其中有4.1 km的浆砌石护坡堤为原规划建设的海堤,另有黄骅港沿海港建设的海堤12.72 km
	大口河河口—县界(涟洼排干)	有堤	400	<5	4.9	土堤	—
	板堂河桥—海兴商业盐场	有堤	400	<5	5.4	土堤	—
小计		—	—	—	27.12	—	—
海兴	县界(涟洼排干)—半壁河桥	无堤	—	—	—	—	—
	海兴商业盐场—海丰	有堤	462	30	12.66	土堤、浆砌石护坡	1998年后已完成浆砌石护砌7.21 km,其他段为土堤
小计	—	—	—	—	12.66	—	—
合计	—	—	—	—	69.47	—	—

资料来源:河北省海洋环境监测中心,2013。

4.2 河北省风暴潮灾害危险性分析

省尺度风暴潮危险性评估用极值潮位、风暴增水等致灾因子作为评价指标，并考虑当地的警戒潮位值等防灾减灾能力要素，评价危险性大小，综合确定评估区的风暴潮危险性等级，等级划分采用与国家尺度风暴潮灾害危险性评估一致的方案。

4.2.1 岸段典型重现期风暴增水和潮位

河北省沿海典型重现期风暴潮增水和潮位采用委托国家海洋环境预报中心开展的"渤海及黄海北部地区风暴潮灾害危险性评估研究"项目的专题研究成果（李涛等，2015）。该项目研究利用中尺度数值预报系统构建高分辨率气压场和风场资料序列，作为风暴潮数值模型驱动场，利用风暴潮数值模式，开展"080822""100119"两次温带风暴潮过程和"7203""7303""8509"3次台风风暴潮灾害过程合计超过40个站次的验证，保证数值模拟充分可靠，在此基础上模拟了渤海及黄海北部地区近30 a的温带和台风风暴潮灾害过程，计算得到各岸段（不低于2′经纬网格）近30 a的逐时风暴增水和潮位时空场。并运用资料同化技术，对模拟的风暴潮增水和潮位空间场进行订正，得到沿海各岸段更符合实际的最大风暴增水和高潮位年极值序列，利用耿贝尔频率概率分析方法计算得到了覆盖辽宁省、河北省、天津市、山东省的不同重现期（2 a、5 a、10 a、20 a、50 a、100 a、500 a、1 000 a）风暴潮和高潮位。本书从中提取出河北省2′岸段最大风暴增水和最高潮位年极值序列，作为评估河北省沿海地区风暴潮灾害致灾因子危险性评估的数据基础。

4.2.2 河北省2′岸段风暴潮危险性评估

基于河北省2′岸段风暴增水和最高潮位年极值序列，利用公式（3.2）至公式（3.5），计算得到河北省2′岸段风暴增水和最高潮位的期望值。考虑当地对风暴潮灾害的防御能力，利用各岸段对应的警戒潮位值，计算得到了河北省2′的超警戒潮位期望。基于表3.1风暴增水和超警戒潮位期望值分级标准，选择风暴增水和超警戒潮位两个指标对各岸段的风暴潮灾害危险性进行刻画，分别制作了河北省基于增水和超警戒潮位的风暴潮危险等级分布图（图4.2）。在此基础上，利用GIS空间分析功能，计算得到每个岸段基于增水和超警戒潮位危险性等级，以两者的最大等级作为该岸段的综合评定河北省每个岸段的风暴潮灾害危险性等级，制作了河北省沿海岸段（2′）风暴潮综合危险性等级分布图（图4.3）。

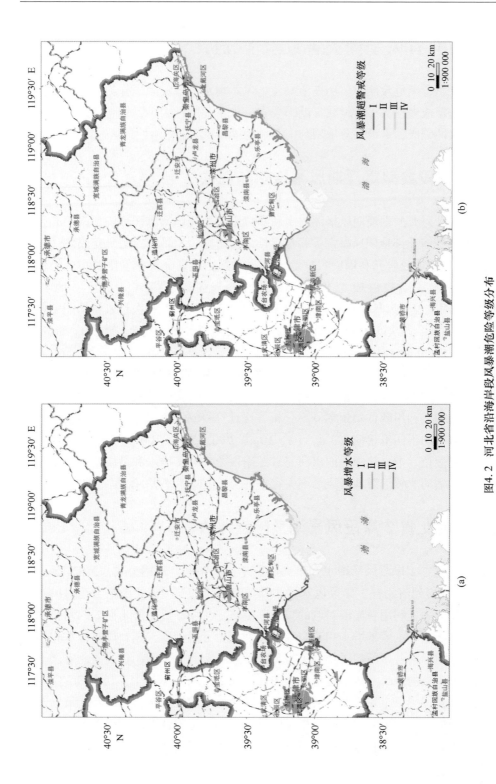

图4.2 河北省沿海岸段风暴潮危险等级分布

(a) 基于风暴增水; (b) 基于超警戒潮位

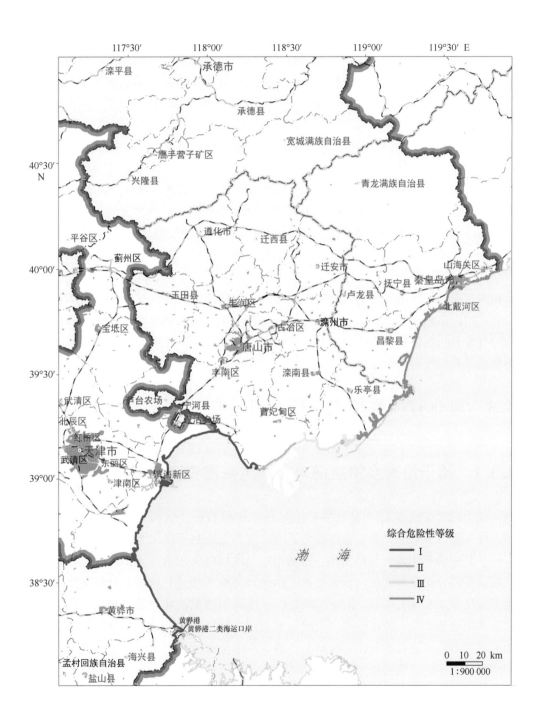

图 4.3　河北省沿海岸段（2'）风暴潮综合危险性等级分布

4.2.3　河北省沿海乡镇和县空间单元危险性区划

基于河北省沿海岸段（2′）风暴潮综合危险性等级结果，利用 GIS 空间分析功能，获取乡镇和县空间单位内岸段（2′）危险性等级的最高等级作为相应空间单位的危险性等级（图4.4）。从河北省乡镇空间单元风暴潮危险性等级图可以看出，Ⅰ级危险等级主要分布在沧州市海兴县香坊乡，黄骅市黄骅港、南排河镇、羊二庄镇，唐山市丰南区黑沿子镇、渤海，曹妃甸区滨海镇和曹妃甸港，以及滦南县的南堡镇；Ⅱ级危险等级主要分布在唐山市曹妃甸区的十里海养殖场、滦南县直属地区和乐亭县沿海岛屿地区；Ⅲ级危险等级主要分布在曹妃甸区八里滩养殖场，滦南县柳赞镇，唐山市乐亭县古河乡、王滩镇、马头营镇、翔云岛林场、长芦大清河盐场以及菩提岛月坨岛等地区；Ⅳ级危险等级主要分布在唐山市乐亭县的海港区、姜各庄镇、银丰盐场、汤家河镇以及乐亭县县级国有土地和秦皇岛沿海各乡镇。从县空间单元风暴潮危险性等级分布图中可以看出，Ⅰ级危险区主要分布在沧州的海兴县、黄骅市，唐山市丰南区和滦南县；Ⅱ级危险区主要分布在唐山市曹妃甸区；Ⅲ级危险区主要分布在唐山市乐亭县；Ⅳ级危险区主要分布在秦皇岛沿海各县。根据河北省风暴潮危险等级分析结果可以看出，河北省风暴潮危险等级从渤海湾北部至南部依次递减，与历史风暴潮灾害统计结果一致。

4.3　河北省风暴潮灾害脆弱性分析

4.3.1　基于沿海乡镇空间单元的风暴潮灾害脆弱性分析

基于河北省沿海 11 个县（区）土地利用现状数据，依据土地利用现状分类与脆弱性等级范围对应关系，最终确定了河北省各土地利用现状类型脆弱性等级（表4.4），其中采矿用地、公路用地、机场用地、港口码头用地等土地利用类型的脆弱性需要根据分布在其区域内的重要承灾体的规模或等级进行确定，具体各类型脆弱性等级见表4.5至表4.9。此外，河北省土地利用数据中建制镇、城市、风景名胜及特殊用地等类型不能在标准的全国土地利用现状类型中找到，本书参考相近的土地利用类型对其进行脆弱性等级赋值。最终获得了河北省沿海乡镇的土地利用二级类空间单元承灾体脆弱性等级分布。

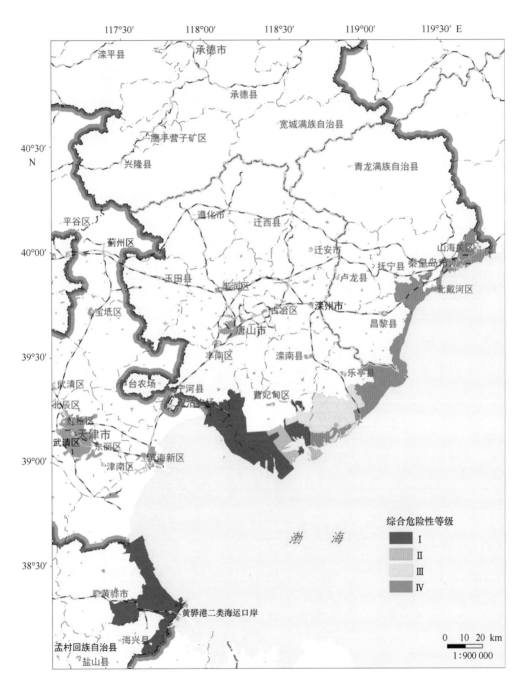

图 4.4 河北省沿海乡（镇）风暴潮综合危险等级分布

表 4.4 河北省土地利用一级现状分类与脆弱性等级范围对应关系

土地利用现状一级类		
编号	名称	脆弱性范围
1	耕地	0.1~0.2
2	园地	0.1~0.3
3	林地	0.1
4	草地	0.1
5	城镇村及工矿用地	0.6~1
6	交通运输用地	0.6~1
7	水域及水利设施用地	0.1~0.8
8	其他土地	0.1~0.5

表 4.5 河北省沿海乡镇采矿用地各重要承灾体脆弱性

编号	重要承灾体	脆弱性	备注
1	中国石油天燃气股份有限公司冀东油田分公司	0.9	
2	长芦大清河盐场	0.9	
3	银丰盐场	0.9	
4	河北省南堡盐场	0.9	
5	丰南区第一盐场	0.9	采矿用地脆弱性范围
6	沧盐集团	0.9	是 0.6~0.9
7	堡西盐场	0.9	
9	黄骅港沿海区	0.9	
10	八里滩养殖场	0.8	
11	其他	0.7	

表 4.6 河北省沿海乡镇机场用地重要承灾体脆弱性

编号	重要承灾体	脆弱性	备注
1	山海关机场	0.8	一般机场脆弱性设为 0.8

表 4.7 河北省沿海乡镇公路用地重要承灾体脆弱性

编号	重要承灾体	脆弱性	备注
1	国有公路	0.8	公路用地脆弱性范围为 0.6~0.8
2	其他	0.7	

表 4.8 河北省沿海乡镇港口码头用地重要承灾体脆弱性

编号	重要承灾体	脆弱性	备注
1	乐亭中心渔港	0.9	港口码头用地仅包括渔港,
2	其他渔港	0.8	不包括港口

表 4.9 河北省新增土地利用现状分类与参考脆弱性等级范围对应关系

名称	脆弱性范围	脆弱性等级	参考土地利用名称	脆弱性范围	脆弱性等级
建制镇	1	I	城镇住宅用地	1	I
城市	1	I	农村宅基地	1	I
风景名胜及特殊用地	0.5	III	风景名胜设施用地	0.5	III

以沿海各乡镇不同二级土地利用现状类型的面积百分比作为权重,利用加权综合评分法进行脆弱性评价,其公式如下:

$$A = \sum_{i=1}^{n} a_i V_i$$

式中,A 为沿海乡镇承灾体脆弱性,a_i 为第 i 个二级土地利用类型的权重,V_i 为第 i 个二级土地利用类型的脆弱性值,n 为二级土地利用类型的个数。

基于 GIS 空间分析工作,利用上述公式,计算得到了河北省风暴潮灾害乡镇空间单元承灾体脆弱性。

4.3.2 基于沿海县空间单元的风暴潮灾害脆弱性分析

基于土地利用现状数据可以获得土地利用二级类和沿海乡镇空间单元的承灾体脆弱性,更能够体现出其差异性。但该评价方法也存在一些不足,其中无法直接反映区域人口和 GDP 的暴露性以及脆弱性,同时受风暴潮影响较为严重的养殖业也未能体现出来,为此本节利用社会经济数据,选取人口、地区生产总值以及养殖业等相关指标,从承灾体的暴露性和脆弱性两个方面综合评价河北省风暴潮灾害承灾体脆弱性。同时受到基础数据完备程度的限制,仅从县空间单元进行评价。

4.3.2.1 评价指标建立

暴露性指标分析:选择河北省沿海各县(区)总人口数表征人口的暴露性,选择地区生产总值表征经济的暴露性,选择农林牧副渔业总产值和海水产品产量作为养殖业的暴露性表征,其中区域人口越多,地区生产总值越高,海水产品产量以及农林牧副渔业总产值越大,则该地区暴露在风暴潮灾害的社会财富越多,可能遭受潜在损失就越大,风险越大。

脆弱性指标分析:选择河北省沿海各县(区)人口密度表征人口的脆弱性,选择单位地区生产总值表征经济的脆弱性，选择单位农林牧副渔业总产值和海水产品产量表征养殖业的脆弱性，其中区域人口密度越多，单位地区生产总值越高，单位海水产品产量以及农林牧副渔业总产值越大，则该地区受风暴潮灾害影响的社会财富脆弱性越高，可能遭受潜在损失程度就越大，风险越大。

各指标计算方法为，通过对河北省海洋局收集整理的 2006—2011 年沿海县社会经济统计分析，其中 2010 年各县（区）的社会经济统计指标较为完备，因此，选择 2010 年数据确定各指标，表征河北省沿海社会经济脆弱性水平（表 4.10），其中，人口总数（$E1$）：县（区）年末总人口（万人，图 4.5）；地区生产总值（$E2$）：县（区）地区生产总值（万元，图 4.6）；农林牧副渔业总产值（$E3$）：县（区）农林牧副渔业总产值（万元，图 4.7）；海水产品产量（$E4$）：县（区）海水产品产量（t，图 4.8）；人口密度（$V1$）：县（区）人口密度（人/km^2，图 4.9）；单位地区生产总值（$V2$）：县（区）地区生产总/县（区）面积（万元/km^2，图 4.10）；单位农林牧副渔业总产值（$V3$）：县（区）农林牧副渔业总产值/县（区）面积（万元/km^2，图 4.11）；单位海水产品产量（$V4$）：县（区）海水产品产量/县（区）面积（t/km^2，图 4.12）。

表 4.10 风暴潮灾害承灾体脆弱性评价指标体系

目标层	系统层	准则层	指标层
承灾体脆弱性（A）	暴露性（E）	人口	$E1$：人口总数（万人）
		经济	$E2$：地区生产总值（万元）
		养殖业	$E3$：农林牧副渔业总产值（万元）
			$E4$：海水产品产量（t）
	脆弱性（V）	人口	$V1$：人口密度（人/km^2）
		经济	$V2$：单位地区生产总值（万元/km^2）
		养殖业	$V3$：单位农林牧副渔业总产值（万元/km^2）
			$V4$：单位海水产品产量（t/km^2）

注：承灾体脆弱性评价指标基于河北省收集整理的社会经济数据情况建立。

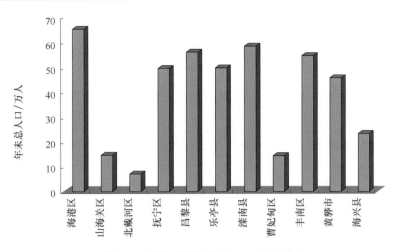

图 4.5 河北省沿海各县 2011 年末总人口

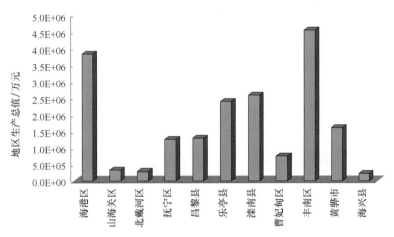

图 4.6 河北省沿海各县地区生产总值

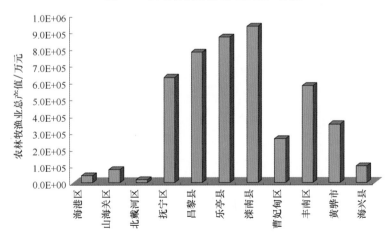

图 4.7 河北省沿海各县农林牧副渔业总产值

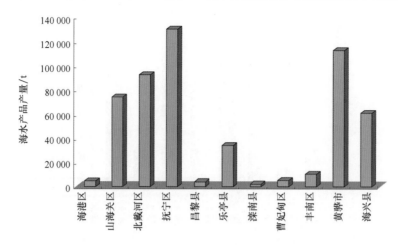

图 4.8　河北省沿海各县海水产品产量

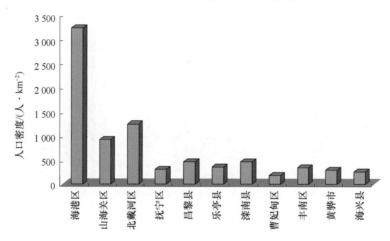

图 4.9　河北省沿海各县人口密度

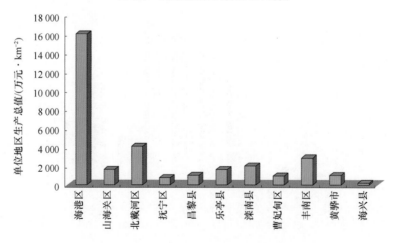

图 4.10　河北省沿海各县单位地区生产总值

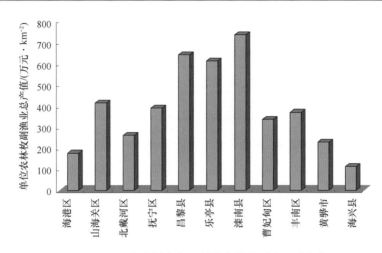

图 4.11 河北省沿海各县单位农林牧副渔业总产值

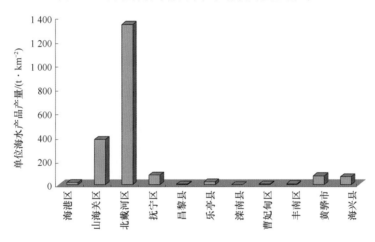

图 4.12 河北省沿海各县单位海水产品产量

4.3.2.2 评价指标权重确定

选择层次分析法方法（AHP）确定各指标权重。首先，根据要解决的问题，按因素之间的相互影响和隶属关系将其分层聚类组合，建立一个递阶有序的层次指标体系；然后，根据人们对客观现实的判断，对指标体系中的每一层次因素的相对重要性给予定量表示，再利用数学方法确定每一层次因素的相对重要性次序的权值。最后，通过综合计算各层因素的相对重要性的权值，得到最底层相对于最高层的相对重要性次序的组合权值，以此作为评价凭据。

在系统层，由于暴露性（E）和脆弱性（V）同等重要，因此将它们的权重系统都设置为 0.5。

在指标层，由于暴露性和脆弱性的各指标的特征和对承灾体脆弱性的影响程度不同，分别分析各指标的相对重要性，进行两两对比，构造判断矩阵，如表 4.11 和

表 4.12 所示。

表 4.11　暴露性指标层权重计算的判断矩阵

	E1	E2	E3	E4
E1	1	1	5	3
E2	1	1	5	3
E3	1/5	1/5	1	1/3
E4	1/3	1/3	3	1

表 4.12　脆弱性指标层权重计算的判断矩阵

	V1	V2	V3	V4
V1	1	1	5	3
V2	1	1	5	3
V3	1/5	1/5	1	1/3
V4	1/3	1/3	3	1

利用方根法计算判断矩阵最大特征根 λ_{max} 及其对应特征向量 W，得到 λ_{max} = 4.043 4，W = （0.389 9，0.389 9，0.067 9，0.152 3）。为避免出现两两指标对比前后相互矛盾的现象，对判断矩阵进行一致性检验，计算得到一致性指标 CI = 0.014 5，一致性比例 CR = 0.016 2 < 0.1，满足一致性检验，判别矩阵的一致性是可以接受的，故特征向量 W 可以作为个因子的权重系数使用。因此，结合系统层的权重可以得到承灾体脆弱性各指标相对目标性的权重（表 4.13）。

表 4.13　承灾体脆弱性各指标相对总目标权重值

目标层	系统层	准则层	指标层	权重
承灾体脆弱性（A）	暴露性（E）0.5	人口	E1：人口总数　0.389 9	0.194 95
		经济	E2：地区生产总值　0.389 9	0.194 95
		养殖业	E3：农林牧副渔业总产值　0.067 9	0.033 95
			E4：海水产品产量　0.152 3	0.076 15
	脆弱性（V）0.5	人口	V1：人口密度　0.389 9	0.194 95
		经济	V2：单位地区生产总值　0.389 9	0.194 95
		养殖业	V3：单位农林牧副渔业总产值　0.067 9	0.033 95
			V4：单位海水产品产量　0.152 3	0.076 15

4.3.2.3　脆弱性评价及等级划分

数据处理：由于各指标的单位和量级不同，为了合理和方便计算，对各指标指进行标准化数据处理。数据处理应遵循可比较原则。对河北省沿海各县（区）评价指标进行标准化处理，形成的标准化量值反映各指标在不同地区的影响程度。

针对各县（区）某指标 p 的数值排列成一数据序列 p_1，p_2，…，p_n，其中 n 为评估单元的个数。

处理公式为

$$P_i = \frac{p_i}{\max(p_i)}$$

式中，P_i 为第 i 个指标 p 的标准化量值，其取值范围为 0~1；i 为县（区）序号，i 为 1，2，…，n；p_i 为第 i 个县（区）的指标数值。脆弱性评价：基于建立的承灾体脆弱性评价指标及其权重，利用加权综合评分法进行脆弱性评价，其公式为

$$A = \sum_{i=1}^{m} E_i P_i + \sum_{j=1}^{n} V_j P_j$$

其中，A 为承灾体脆弱性，E_i 为暴露性评估的第 i 个指标权重，P_i 为第 i 个暴露性指标的标准化值，V_j 为暴露性评估的第 j 个指标权重，P_j 为第 j 个暴露性指标的标准化值，m、n 分别为暴露性和脆弱性指标的个数。

基于上述方法，计算得到了河北省风暴潮灾害县空间单元承灾体脆弱性分布。

4.3.3 脆弱性分析结果

基于河北省乡镇空间单元和县空间单元承灾体脆弱性评价结果，依据风暴潮脆弱性等级与脆弱性范围关系（表 4.14）确定脆弱性等级，最终获得了河北省沿海乡镇和沿海县空间单元的承灾体脆弱性等级分布。

表 4.14 风暴潮脆弱性等级与脆弱性范围关系

脆弱性等级	脆弱性范围
Ⅳ	0.1~0.3
Ⅲ	0.4~0.5
Ⅱ	0.6~0.8
Ⅰ	0.9~1.0

4.3.3.1 乡镇空间单元承灾体脆弱性等级

从图 4.13 中可以看出，Ⅰ级脆弱性等级乡镇 3 个、Ⅱ级脆弱性等级乡镇 9 个，这些地区既包括了河北省沿海秦皇岛港、京唐港、曹妃甸港和黄骅港等 4 大沿海港口，也包括了人口密集区，社会经济较发达地区以及重要的盐场；Ⅲ级脆弱性等级乡镇 9 个，Ⅳ级脆弱性等级乡镇 23 个，这些地区主要是河北省沿海的林场、养殖区、岛屿以及乐亭县和滦南县部分乡镇，各脆弱性等级分布详见表 4.15。

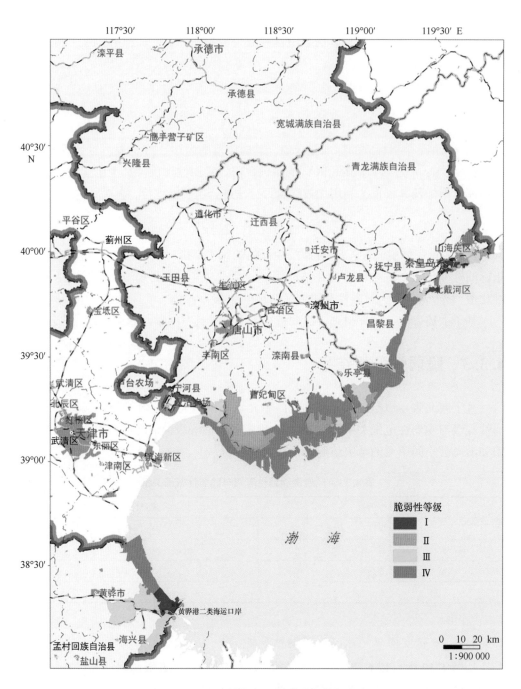

图 4.13　河北省沿海各乡镇脆弱性等级分布

表 4.15　河北省沿海各乡镇脆弱性等级分布

脆弱性等级	乡镇数	分布区域
Ⅰ级（高）	4	秦皇岛市：秦皇岛市区、北戴河城区； 唐山市：曹妃甸区的曹妃甸港； 沧州市：黄骅港
Ⅱ级（较高）	6	秦皇岛市：山海关区的东开发区，海港区的东港镇 唐山市：曹妃甸区的滨海镇，乐亭县的长芦大清河盐场、银丰盐场、海港区
Ⅲ级（中等）	9	秦皇岛市：山海关区的石河镇、一关镇，北戴河区的滨海镇，抚宁县的牛头崖镇； 唐山市：乐亭县的汤家河镇、翔云岛林场，丰南区的黑沿子镇； 沧州市：黄骅市的羊二庄镇，海兴县的香坊乡
Ⅳ级（低）	23	秦皇岛市：山海关区的山海关林场、山海关争议区，北戴河区的海滨林场，抚宁的留守营镇、渤海林场，昌黎县的昌黎县林场、争议区； 唐山市：乐亭县的王滩镇、马头营镇、姜各庄镇、古河乡、县级国有土地、菩提岛、月坨岛、沿海岛、乐亭与秦皇岛争议区，滦南县的直属土地、柳赞镇、南堡镇，曹妃甸区的八里滩养殖场、十里海养殖场，丰南区的渤海； 沧州市：黄骅市的南排河镇

4.3.3.2　县空间单元承灾体脆弱性等级

从图 4.13 中可以看出，Ⅰ级脆弱性等级 2 个县，主要分布在秦皇岛市海港区、唐山丰南区；Ⅱ级脆弱性等级 3 个县，主要分布在秦皇岛市昌黎县，唐山市乐亭县和滦南县；Ⅲ级脆弱性等级 2 个县，主要分布在秦皇岛市抚宁区，沧州市黄骅市；Ⅳ级脆弱性等级 4 个县，主要分布在秦皇岛市山海关、北戴河区，唐山市曹妃甸区，沧州市海兴县（表 4.16）。

表 4.16　河北省沿海各乡镇脆弱性等级分布

脆弱性等级	县数	分布区域
Ⅰ级（高）	2	秦皇岛市海港区，唐山丰南区
Ⅱ级（较高）	3	秦皇岛市昌黎县，唐山市乐亭县和滦南县
Ⅲ级（中等）	2	秦皇岛市抚宁区，沧州市黄骅市
Ⅳ级（低）	4	秦皇岛市山海关区、北戴河区，唐山市曹妃甸区，沧州市海兴县

对比分析河北省沿海乡镇空间单元和县空间单元风暴潮灾害承灾体脆弱性等级可以看出，以县空间单元评估风暴潮灾害承灾体脆弱性，选取人口、地区生产总值等指标无法客观表征风暴潮灾害对其影响实际情况，部分县可能出现脆弱性评价等级偏高；以乡镇空间单元评价承灾体脆弱性，可充分体现风暴潮灾害对沿海地区的影响，各地区的脆弱性差异性比较明显，但是以社会经济统计数据为基础评价承灾

体脆弱性，由于各乡镇的统计数据收集较为困难，现阶段尚未实现，需要在下一步工作中进行修改和完善。

4.4 河北省风暴潮灾害风险分析

　　根据计算得到的河北省各沿海乡镇的风暴潮灾害危险等级和承灾体脆弱性等级评估结果，采用风险评估矩阵计算方法，结合表4.17和表4.18所示的风暴潮灾害风险等级与危险性等级、脆弱性等级对应关系，综合评定了河北省每个沿海乡镇的风暴潮灾害风险等级。将各评估单元的风暴潮灾害风险由高到低区划为Ⅰ级（高风险）、Ⅱ级（较高风险）、Ⅲ级（中等风险）和Ⅳ级（低风险）风险等级，制作了河北省沿海各乡镇和各县风暴潮灾害风险等级分布图。从表4.19和图4.14中可以看出，Ⅰ级风险等级2个乡镇，Ⅱ级风险等级5个乡镇，Ⅲ级风险等级13个乡镇，Ⅳ级风险等级22个乡镇。从表4.20中可以看出，Ⅰ级风险等级2个县，Ⅱ级风险等级2个县，Ⅲ级风险等级4个县，Ⅳ级风险等级3个县。河北省北部沿海区域的风暴潮灾害风险比南部区域的风暴潮灾害风险高，风暴潮灾害高风险区和较高风险区都分布在唐山市和沧州市，这两个城市都是是我国北部沿海最重要的港口城市，其中唐山市的曹妃甸港镇和沧州市的黄骅港镇是河北省沿海地区的风暴潮灾害高风险等级分布区，这两个乡镇的风暴潮灾害危险性等级和脆弱性等级都处在Ⅰ级区，也是河北省沿海地区风暴潮灾害风险防范形势最严峻的区域。

表 4.17　河北省沿海各乡镇风暴潮灾害风险等级分布

沿海市	县（区）	乡镇	脆弱性等级	危险性等级	风险等级
秦皇岛市	海港区	东港镇	Ⅱ	Ⅳ	Ⅲ
		秦皇岛市区	Ⅰ	Ⅳ	Ⅲ
	山海关区	石河镇	Ⅲ	Ⅳ	Ⅳ
		一关镇	Ⅲ	Ⅳ	Ⅳ
		山海关林场	Ⅳ	Ⅳ	Ⅳ
		山海关争议区	Ⅳ	Ⅳ	Ⅳ
		东开发区	Ⅱ	Ⅳ	Ⅲ
	北戴河区	滨海镇	Ⅲ	Ⅳ	Ⅳ
		海滨林场	Ⅳ	Ⅳ	Ⅳ
		北戴河城区	Ⅰ	Ⅳ	Ⅲ
	抚宁区	留守营镇	Ⅳ	Ⅳ	Ⅳ
		牛头崖镇	Ⅲ	Ⅳ	Ⅳ
		渤海林场	Ⅳ	Ⅳ	Ⅳ
	昌黎县	昌黎县林场	Ⅳ	Ⅳ	Ⅳ
		昌黎县争议区	Ⅳ	Ⅳ	Ⅳ

72

沿海市	县（区）	乡镇	脆弱性等级	危险性等级	风险等级
唐山市	乐亭县	汤家河镇	Ⅲ	Ⅳ	Ⅳ
		姜各庄镇	Ⅳ	Ⅳ	Ⅳ
		乐亭县县级国有土地	Ⅳ	Ⅳ	Ⅳ
		乐亭与秦皇岛争议区	Ⅳ	Ⅳ	Ⅳ
		银丰盐场	Ⅱ	Ⅳ	Ⅲ
		海港区	Ⅱ	Ⅳ	Ⅲ
		王滩镇	Ⅳ	Ⅲ	Ⅳ
		马头营镇	Ⅳ	Ⅲ	Ⅳ
		古河乡	Ⅳ	Ⅲ	Ⅳ
		菩提岛	Ⅳ	Ⅲ	Ⅳ
		月坨岛	Ⅳ	Ⅲ	Ⅳ
		翔云岛林场	Ⅲ	Ⅲ	Ⅲ
		长芦大清河盐场	Ⅱ	Ⅲ	Ⅲ
		沿海岛屿	Ⅳ	Ⅱ	Ⅲ
	滦南县	南堡镇	Ⅳ	Ⅰ	Ⅲ
		柳赞镇	Ⅳ	Ⅲ	Ⅳ
		滦南县直属土地	Ⅳ	Ⅱ	Ⅲ
	曹妃甸区	十里海养殖场	Ⅳ	Ⅱ	Ⅲ
		八里滩养殖场	Ⅳ	Ⅲ	Ⅳ
		滨海镇	Ⅲ	Ⅰ	Ⅱ
		曹妃甸港	Ⅰ	Ⅰ	Ⅰ
	丰南区	黑沿子镇	Ⅲ	Ⅰ	Ⅱ
		渤海	Ⅳ	Ⅰ	Ⅲ
沧州市	黄骅市	黄骅港	Ⅰ	Ⅰ	Ⅰ
		南排河镇	Ⅳ	Ⅰ	Ⅲ
		羊二庄镇	Ⅰ	Ⅰ	Ⅱ
	海兴县	香坊乡	Ⅲ	Ⅰ	Ⅱ

表 4.18   河北省沿海各县风暴潮灾害风险等级分布

沿海城市	县（区）	脆弱性等级	危险性等级	风险等级
秦皇岛市	海港区	I	IV	III
	山海关区	IV	IV	IV
	北戴河区	IV	IV	IV
	抚宁区	III	IV	IV
	昌黎县	II	IV	III
唐山市	乐亭县	II	III	II
	滦南县	II	I	I
	曹妃甸区	IV	II	III
	丰南区	I	I	I
沧州市	黄骅市	III	I	II
	海兴县	IV	I	III

表 4.19   河北省沿海各乡镇风暴潮灾害风险等级分布

风险等级	乡镇数	分布区域
I 级（高）	2	唐山市：曹妃甸港 沧州市：黄骅港
II 级（较高）	5	唐山市：乐亭县的长芦大清河盐场，曹妃甸区滨海镇，丰南区黑沿子镇 沧州市：黄骅市羊二庄镇，海兴县香坊乡
III 级（中等）	13	秦皇岛市：海港区的秦皇岛市区和东港镇，山海关区的东开发区，北戴河城区 唐山市：乐亭县的翔云岛林场、银丰盐场、海港区、沿海岛屿，滦南县南堡镇和县直属土地，曹妃甸区十里海养殖场，丰南区渤海 沧州市：黄骅市的南排河镇
IV 级（低）	22	秦皇岛市：山海关区的一关镇、石河镇、山海关林场、山海关争议区，北戴河区的滨海镇、海滨林场，抚宁区的留守营镇、牛头崖镇、渤海林场，昌黎县的昌黎县林场、争议区 唐山市：乐亭县的汤家河镇、王滩镇、马头营镇、姜各庄镇、古河乡、县级国有土地、菩提岛、月坨岛、乐亭与秦皇岛争议区，滦南县的柳赞镇，曹妃甸区的八里滩养殖场

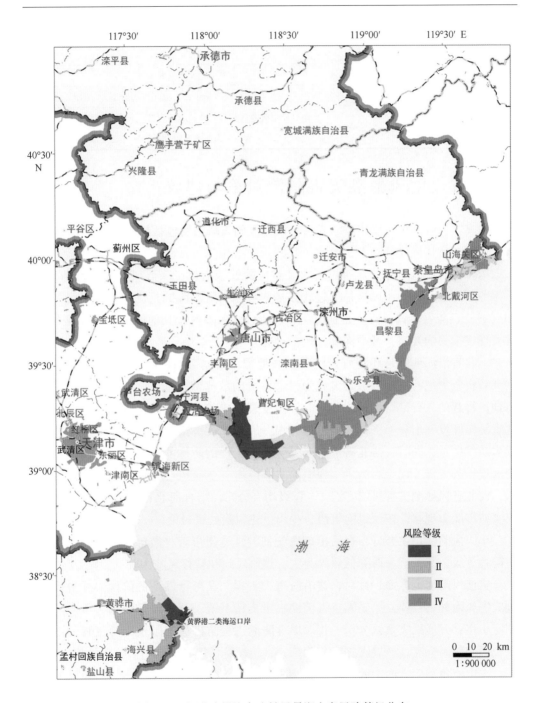

图 4.14 河北省沿海各乡镇风暴潮灾害风险等级分布

表 4.20　河北省沿海各县风暴潮灾害风险等级分布

脆弱性等级	县数	分布区域
Ⅰ级（高）	2	唐山市滦南县和丰南区
Ⅱ级（较高）	2	唐山市乐亭县，沧州市黄骅市
Ⅲ级（中等）	4	秦皇岛市海港区和昌黎县，唐山市曹妃甸区，沧州市海兴县
Ⅳ级（低）	3	秦皇岛市山海关区、北戴河区和抚宁区

4.5　省尺度风暴潮灾害防治对策与建议

从灾害风险管理角度出发，灾害风险处置的策略主要包括接受风险、降低风险、规避风险和转移风险。其中，风险接受的策略应用于可接受范围内的低风险，主要采取监控措施；风险降低是通过采取针对性的处置措施，降低风险可能性和（或）后果的严重程度；规避风险是通过放弃某些可能引致风险的行为，消除风险的原因和（或）后果；转移风险则是通过法律、协议、保险或者其他途径，部分或全部转移责任或损失的策略，其中保险是较常见的办法。

河北省沿海地区是环渤海经济圈核心地带，根据最新的河北省沿海发展规划，河北省将全力把沿海经济带建设成为科学发展的示范带、富民强省的支撑带、环渤海地区崛起的先行带，也是国家沿海经济发展战略的重要组成部分。但是伴随着河北省沿海开发利用和经济发展的迅速升温，风暴潮灾害给沿海经济社会发展造成的损失越发严重，同时，河北省沿海海堤等防护工程的防御能力总体水平不高，且部分海堤年久失修，以土堤为主。根据河北省沿海各乡镇风暴潮灾害风险评估区划结果，河北省风暴潮灾害风险等级Ⅰ~Ⅳ级均有分布，结合河北省沿海社会经济发展、灾害防御能力现状，按照风险等级，提出下述风险处置对策。

Ⅰ级风险区：主要分布在唐山市曹妃甸港，沧州市黄骅港等地区，其脆弱性和危险性等级较高，宜采取降低风险为主，规避风险和转移风险为辅的策略。

灾前风险防范方面，针对在建沿海重大工程，在可行性论证阶段必须进行风暴潮灾害风险评估；建立风暴潮灾害辅助决策支持系统，开展风暴潮灾害重点防御区划定工作；开展减灾效益分析，将海堤等防潮工程防御标准以及沿海工程的设防水平提高到较高标准；开展灾害应急演练，宣传教育，增强公众防灾减灾意识。

灾中应急响应方面，编制省-市-县-乡镇风暴潮灾害应急预案，加强风暴潮灾害的监测、预报、预警，做好警戒潮位标识，提前发布预报预警信息，做好防灾备灾工作。

从规避风险角度，适当调整土地利用规划，规避易受风暴潮灾害影响的承灾体；从转移风险角度来看，可开展风暴潮灾害风险转移预研，针对沿海重大工程等尝试推进政策性风暴潮灾害保险试点工作。

Ⅱ级风险区：河北省风暴潮Ⅱ级风险等级除乐亭县的长芦大清河盐场（脆弱性

等级为Ⅱ级，危险性等级为Ⅲ级）外，唐山市丰南区黑沿子镇、曹妃甸港，沧州市黄骅市羊二庄镇、海兴县香坊乡等地区危险等级较高，为Ⅰ级，脆弱性等级为Ⅱ～Ⅲ级，宜采取降低风险策略。

灾前风险防范方面，针对在建沿海重大工程，在可行性论证阶段必须进行风暴潮灾害风险评估；建立风暴潮灾害辅助决策支持系统，开展风暴潮灾害重点防御区划定工作；开展减灾效益分析，将海堤等潮防潮工程防御标准以及沿海工程的设防水平提高到较高标准；开展灾害应急演练，宣传教育，增强公众防灾减灾意识。

灾中应急响应方面，编制省-市-县-乡镇风暴潮灾害应急预案，加强风暴潮灾害的监测、预报、预警，做好警戒潮位标识，提前发布预报预警信息，做好防灾备灾工作。

同时，为了进一步满足河北省沿海县、乡镇、社区（村）的海洋防灾减灾，需要在省尺度风险评估和区划工作基础上，Ⅰ级和Ⅱ级风险区开展更精细化的市（县）尺度风暴潮灾害风险评估和区划。

Ⅲ级风险区：河北省Ⅲ级风险等级区可分为两类。

第一类脆弱性等级相对较高（Ⅰ～Ⅲ级均有分布），而危险性等级相对较低（仅为Ⅲ级或Ⅳ级），主要分布在秦皇岛海港区的东港镇、秦皇岛市区、山海关区的东开发区、北戴河城区；唐山市乐亭县翔云岛林场、银丰盐场、海港区等地区，宜采取接受风险为主、降低风险为辅的策略。灾前风险防范方面，在人口密集、经济发达等脆弱性高的地区，加固沿海防护工程，提高设防水平；灾中应急响应方面，编制省-市-县-乡镇风暴潮灾害应急预案，加强风暴潮灾害的监测、预报、预警，做好警戒潮位标识，提前发布预报预警信息，同时要做好防范并采取一些必要的避灾自救的措施来减少灾害的损失。

第二类脆弱性等级较低（仅为Ⅳ级），而危险性较高（Ⅰ级或Ⅱ级），主要分布在唐山市乐亭县沿海岛屿，滦南县南堡镇、县直属土地，曹妃甸区十里海养殖场、丰南区渤海；沧州市南排河镇等地区，宜采取降低风险策略。灾前风险防范方面，针对在建沿海重大工程，在可行性论证阶段必须进行风暴潮灾害风险评估，提高海堤等防潮工程防御标准以及沿海工程的设防水平；开展灾害应急演练，宣传教育，增强公众防灾减灾意识。灾中应急响应方面，编制省-市-县-乡镇风暴潮灾害应急预案，加强风暴潮灾害的监测、预报、预警，做好警戒潮位标识，提前发布预报预警信息，同时要做好防范并采取一些必要的避灾自救的措施来减少灾害的损失。

Ⅳ级风险区：主要分布在秦皇岛山海关区（除东开发区）、北戴河区（除北戴河城区）、抚宁区、昌黎县各镇以及唐山市乐亭县（除翔云岛林场、银丰盐场、海港区、沿海岛屿）各镇、滦南县柳赞镇、曹妃甸区八里滩养殖区，这部分地区脆弱性等级和危险性等级同为Ⅳ级或其中之一为Ⅲ级，说明其脆弱性、危险性及风险都较低，宜采取接受风险策略，但需要加强风暴潮灾害的监测、预报、预警，提前发布预报预警信息，做好防范并采取一些必要的避灾自救的措施来减少灾害的损失。

5　县尺度风暴潮灾害风险评估应用研究

　　上海市位于我国大陆海岸线中部，长江入海口和东海交汇处，北接江苏，南临浙江，海陆交通便利，内陆腹地广阔。依托优越的区位条件，上海发展成为我国的经济中心城市、国际著名的港口城市、长三角城市群的核心，在我国经济发展中具有十分重要的地位。金山区位于上海市西南部，地处 30°40′—30°58′N，121°—121°25′E。东邻奉贤区，西与浙江省平湖市、嘉善县交界，南濒杭州湾，北与松江区、青浦区接壤。区域东西长 43 km，南北宽 25 km，总面积 586.05 km²。上海市金山区同时受到台风和温带风暴潮影响，以台风风暴潮为主。1949—2013 年经过并影响到金山区的台风年均为两个，强台风来临，会拔起岛上树木、诱发塌方，给岛礁生态环境及安全带来严重威胁。由于金山三岛山脉走向（EN—SW）与台风移动方向（往往由 ES 向 WN）正交，强化了风暴潮的增水幅度，金山三岛曾多次出现过特大风暴潮灾害，影响严重。

　　本章节选择上海市金山区为典型案例，开展县尺度风暴潮灾害风险评估和区划方法实例验证（图 5.1）。收集整理了上海金山区历史风暴潮、灾害资料、基础地理信息资料、水文和气象资料、海底地形和岸线资料、重要承灾体、避灾点、社会经济等资料，并对收集的资料进行空间参考基准的统一和格式初步处理，使其满足风暴潮灾害风险评估和区划的需求。构建了上海市金山区风暴潮数值模式，并基于历史典型案例对数值模式进行验证以保证模式精度可靠，在此基础上模拟了上海市金山区可能最大台风风暴潮和温带风暴潮淹没范围及水深分布，选择较大者开展了风暴潮灾害危险性等级划分，以上海市金山区土地利用二级分类数据为基础，开展了上海市金山区风暴潮灾害脆弱性等级评估，综合考虑上海市金山区风暴潮灾害危险性和脆弱性等级，科学评估了上海市金山区风暴潮灾害风险等级分布（shi et al.，2020），明确上海市金山区沿海区域风暴潮灾害高风险区，提出科学应对风暴潮灾害高风险区的对策和建议，为上海市金山区海洋防灾减灾部门科学应对风暴潮灾害提供决策支撑。

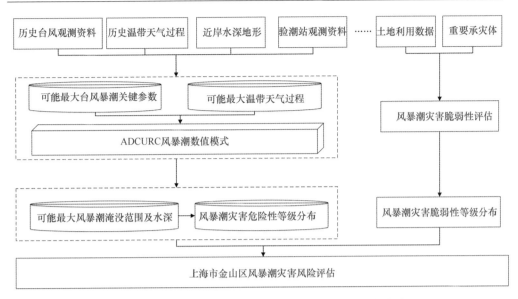

图 5.1　上海市金山区县尺度风暴潮灾害风险评估技术路线

5.1　资料处理分析

本书收集不同来源的数据支撑开展金山风暴潮灾害风险评估（表 5.1）。近岸 DEM 和水深地形分布数据用于构建数值模式中的计算网格，验潮站观测资料用于数值模式的验证，土地利用二级分类和重要承灾体用于开展金山区风暴潮灾害脆弱性评估，历史台风观测资料用于设定导致金山区可能最大风暴潮的台风关键参数。重要承灾体数据包括 53 所学校、4 所医院、2 处发电设施、4 个海洋资源开发区、3 个港口码头、1 个自然保护区、3 家石油化工企业、100 家危险化学品企业、6 个工业园区，以及滨海机场、跨海大桥、主要公路、铁路、海上运输航道等沿海重点保护目标，重要承灾体的属性信息包括位置、规模及分布。此外，还收集了金山区沿海堤防工程分布资料，金山区一线海堤长约 24.677 km，为 100 a 一遇设计防护标准。本书对所有数据进行了预处理，特别是上海市各类数据的高程基准通常采用吴淞高程基准，相对于 1985 国家高程基准，吴淞高程基准较低，两个基准基本上相差一个常数约 1.61 m，本书中所有资料的高程信息全部统一到 1985 国家高程基准。

表 5.1　上海市金山区风暴潮灾害风险评估多源数据简介

数据类型	时间序列/年	数据描述	数据来源
历史台风观测资料	1949—2018	包括时间、位置、强度等台风路径信息	中国气象局上海台风研究所
基础地理信息	2018	包括行政区划、道路、水系、交通、居民点等信息	上海市测绘院
近岸 DEM 和近海水深分布	2015	金山区陆地数字地形分布和近海水深地形分布数据	上海市测绘院
验潮站观测资料	1990—2015	风暴潮灾害影响期间金山附近海域验潮站逐时观测资料	国家海洋局东海预报中心
土地利用分布资料	2015	土地利用二级类的类型、位置和面积等信息	上海市规划与自然资源局
重要承灾体分布资料	2015	包括医院、学校、危化品企业、港口码头等承灾体，属性信息包括位置、规模、等级等	上海市规划与自然资源局

5.2　金山区风暴潮灾害危险性分析

5.2.1　风暴潮数值模式构建

本书风暴潮模型采用 ADCIRC 海洋动力模型。该模型可对二维和三维的自由海表面流动和物质输运问题求解，给出水位、流场等模拟结果。ADCIRC 基于有限元方法，采用可任意局部灵活加密的无结构网格，适用于计算潮汐、风生环流、台风增水等情形。ADCIRC 模式的计算速度相对较快，金山海域地形较为复杂，精细地刻画地形需使用大量精细化网格，而用 ADCIRC 模式计算速度较快的优势则可以克服计算量大的问题（Bunya et al.，2010；Dietrich et al.，2012）。

5.2.1.1　控制方程

ADCIRC 二维模型在球坐标系下通过基于垂直平均的原始连续方程和海水动量方程来求解自由表面起伏、二维流速等变量，即 (ζ, u, v)。其中，在球坐标系下海水的连续方程为

$$\frac{\partial \zeta}{\partial t} + \frac{1}{R\cos\phi}\frac{\partial UH}{\partial \lambda} + \frac{1}{R}\frac{\partial VH}{\partial \phi} - \frac{VH\tan\phi}{R} = 0 \tag{5.1}$$

在球坐标系下海水原始动量方程为

$$\frac{\partial U}{\partial t} + \frac{U}{R\cos\phi}\frac{\partial U}{\partial \lambda} + \frac{V}{R}\frac{\partial U}{\partial \phi} - \left(\frac{U\tan\phi}{R} + f\right)V$$

$$= -\frac{1}{R\cos\phi}\frac{\partial}{\partial\lambda}\left[\frac{p_s}{\rho_0} + g(\zeta - \eta)\right] + \frac{\tau_{s\lambda} - \tau_{b\lambda}}{\rho_0 H} + D_\lambda \tag{5.2}$$

$$\frac{\partial V}{\partial t} + \frac{U}{R\cos\phi}\frac{\partial V}{\partial\lambda} + \frac{V}{R}\frac{\partial V}{\partial\phi} + \left(\frac{U\tan\phi}{R} + f\right)U$$

$$= -\frac{1}{R}\frac{\partial}{\partial\phi}\left[\frac{p_s}{\rho_0} + g(\zeta - \eta)\right] + \frac{\tau_{s\phi} - \tau_{b\phi}}{\rho_0 H} + D_\phi \tag{5.3}$$

以上球面方程通过 CPP（Carte Parallelo-grammatique）圆柱方法投影到笛卡尔坐标系中，计算区域中心点 (λ_0, ϕ_0)。

$$x = R(\lambda - \lambda_0)\cos\phi_0 \tag{5.4}$$

$$y = R\phi \tag{5.5}$$

$$S = \frac{\cos\phi_0}{\cos\phi} \tag{5.6}$$

通过坐标转化后，连续方程变为

$$\frac{\partial\zeta}{\partial t} + S\frac{\partial UH}{\partial x} + \frac{\partial VH}{\partial y} - \frac{VH\tan\phi}{R} = 0 \tag{5.7}$$

通过坐标转化后，动量方程变为

$$\frac{\partial U}{\partial t} + SU\frac{\partial U}{\partial x} + V\frac{\partial U}{\partial y} - \left(\frac{U\tan\phi}{R} + f\right)V$$

$$= -S\frac{\partial}{\partial x}\left[\frac{p_s}{\rho_0} + g(\zeta - \eta)\right] + \frac{\tau_{sx} - \tau_{bx}}{\rho_0 H} + D_x \tag{5.8}$$

$$\frac{\partial V}{\partial t} + SU\frac{\partial V}{\partial x} + V\frac{\partial V}{\partial y} - \left(\frac{U\tan\phi}{R} + f\right)U$$

$$= -S\frac{\partial}{\partial y}\left[\frac{p_s}{\rho_0} + g(\zeta - \eta)\right] + \frac{\tau_{sy} - \tau_{by}}{\rho_0 H} + D_y \tag{5.9}$$

公式（5.1）至公式（5.9）中，t 为时间（s）；(x, y) 为水平笛卡尔坐标（m）；(λ, ϕ) 为经度和纬度；(λ_0, ϕ_0) 为网格计算区域中心点的经度和纬度；$H = \zeta + h$ 为海水水柱的总水深（m）；ζ 为从大地水准面起算的自由表面高度（m）；$h(x, y)$ 为未扰动的海洋水深，即大地水准面至海底的距离（m）；R 为地球的半径（m），本书中取 6 378 135 m；(U, V) 为深度平均的海水水平流速（m/s）；$f = 2\Omega\sin\phi$ 为科氏参数（/s），Ω 为地球的自转角速度；g 为重力加速度（m/s）；ρ_0 为海水密度，本书中默认为 1 025 kg/m³；p_s 为海水自由表面的大气压强（N/m²）；η 为牛顿引潮势（m）；τ_{sx}，τ_{sy} 为海表面应力的 x 和 y 方向分量（N），可包括风应力和海浪辐射应力；τ_{bx}，τ_{by} 为海底摩擦力的 x 和 y 方向分量（N）；D_x，D_y 为动量方程的水平扩散项。

为了避免 Galerkin 有限元离散出现的数值问题，如振荡、不守恒性等计算不稳定，ADCIRC 模型通过采用所谓的广义波动连续性方程（Generalized Wave Continuity Equation，GWCE）来代替原有的连续方程。GWCE 形式连续方程就是对原连续方程进行时间求导，引入了一个空间变量数值加权参数 τ_0，再将动量方程代入变化后的连续方程。如下：

$$\frac{\partial^2 \zeta}{\partial t^2} + \tau_0 \frac{\partial \zeta}{\partial t} + S\frac{\partial A_x}{\partial x} + \frac{\partial A_y}{\partial y} - UHS\frac{\partial \tau_0}{\partial x} - VH\frac{\partial \tau_0}{\partial y} - \frac{A_y \tan\phi}{R} = 0 \qquad (5.10)$$

式中，

$$A_x \equiv \frac{\partial UH}{\partial t} + \tau_0 UH = \frac{\partial Q_x}{\partial t} + \tau_0 Q_x \qquad (5.11)$$

$$A_y \equiv \frac{\partial VH}{\partial t} + \tau_0 VH = \frac{\partial Q_y}{\partial t} + \tau_0 Q_y \qquad (5.12)$$

对 A_x，A_y 的时间导数项运用链式法则，并代入动量方程中得到：

$$A_x = U\frac{\partial H}{\partial t} + H\left\{ -US\frac{\partial U}{\partial x} - V\frac{\partial U}{\partial y} + fV - S\frac{\partial}{\partial x}\left[\frac{p_s}{\rho_0} + g(\zeta - \eta)\right]\right.$$
$$\left. + \frac{\tau_{sx} - \tau_{bx}}{\rho_0 H} + D_x + \tau_0 U\right\} \qquad (5.13)$$

$$A_y = V\frac{\partial H}{\partial t} + H\left\{ -US\frac{\partial V}{\partial x} - V\frac{\partial V}{\partial y} - fU - S\frac{\partial}{\partial y}\left[\frac{p_s}{\rho_0} + g(\zeta - \eta)\right]\right.$$
$$\left. + \frac{\tau_{sy} - \tau_{by}}{\rho_0 H} + D_y + \tau_0 V\right\} \qquad (5.14)$$

最后将公式（5.13）和公式（5.14）代入公式（5.10）中就得到了 GWCE 的最终形式，这样就可以求解出水位 ζ。

GWCE 方程中在空间上采用有限单元法，以适应复杂的边界条件；在时间上采用有限差分法以提高计算速度，采用半隐式法来求解波动连续性方程，质量矩阵是定常的，只需进行一次求逆。

5.2.1.2 科氏参数和引潮势

地球自转的影响是通过动量公式（5.8）和公式（5.9）中的科氏参数体现出来的。科氏参数 f，定义为纬度 φ 的函数：

$$f(\phi) = 2\Omega\sin\phi \qquad (5.15)$$

式中，地球自转角速度 $\Omega = 7.29\times10^{-5}$ rad/s。

为了减小笛卡尔坐标系与球坐标系的不一致性，采用 β 平面近似：

$$f = f_0 + \beta_0(y - y_0) \qquad (5.16)$$

公式（5.16）中下标 0 表示计算区域的中间纬度，β 为科氏参数的局地偏导数。

引潮势根据如下公式定义：

$$\eta(\lambda,\ \phi,\ t) = \sum_{j,\ n} \alpha_{jn} C_{jn} f_{in}(t_0) L_j(t_0) L_j(\phi)\cos\left[\frac{2\pi(t - t_0)}{T_{jn}} + j\lambda + v_{jn}(t_0)\right]$$
$$(5.17)$$

式中，t 为时间（s）；$(\lambda,\ \phi)$ 为经度和纬度；α 为地球有效弹性因子；C_{jn} 为常数，

表示类型 j 分潮 n 的振幅（$j=0$，为长周期潮；$j=1$，为全日潮；$j=2$，为半日潮）；t_0 为参考时间；f_{jn}（t_0）为交点因子；v_{jn}（t_0）为天文初相角；L_j（ϕ）为特定潮汐类型的系数，$L_0=3\sin^2\phi-1$，$L_1=\sin$（2ϕ），$L_2=\cos^2\phi$；T_{jn} 为类型 j 分潮 n 的周期。

本书中计算网格范围为 16°—41°N，115°—134°E，包括了整个东中国海（图5.2），陆上部分包括了整个金山区区域范围。网格数约 11.4 万，节点数约 5.9 万。外海网格较大，靠近金山区的网格较小，在沿岸海堤处网格做了重点局部加密，沿岸网格分辨率为 50~100 m。在外海采用较粗的水深数据的基础上，采用了金山区海域精细化水深、陆地高程数据和海堤数据。

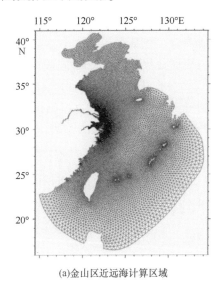

(a)金山区近远海计算区域

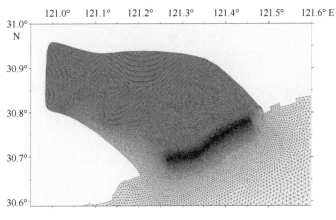

(b)金山区沿岸高精度网格

图5.2 计算网格范围

5.2.2 风暴潮数值模式验证

5.2.2.1 天文潮验证

天文潮验证共计算了 2 个时间段：①2015 年 8 月 20 日到 9 月 10 日，共计算 21 d，模型提前 2 d 起算；②2016 年 8 月 1—16 日，共计算15 d，模型提前 2 d 起算。其中①时间段采用实测天文潮数据对模型进行验证，用于验证的站位包括金山嘴、芦潮港和乍浦 3 个站位；②时间段内没有显著的天气过程影响上海市金山区沿海，采用实测数据进行验证，实测站位有金山嘴和高桥。

验证结果显示，计算结果与实测基本相符，小潮期间误差略大，但不影响后续构造案例和天文潮高潮位的叠加效果。其中①时间段内，金山嘴、芦潮港和乍浦 3 个站位 21 d 内的潮位平均误差分别为 0.16 m、0.17 m 和 0.20 m，验证效果详见图 5.3、图 5.4 和图 5.5；②时间段内，金山嘴和高桥站位 15 d 内的潮位平均误差分别为 0.13 m 和 0.16 m，验证效果详见图 5.6 和图 5.7。

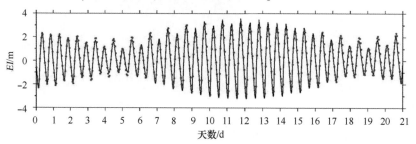

图 5.3 2015 年 8 月 20 日到 9 月 10 日金山嘴站天文潮计算值与实测值对比
实线为计算值，红点为实测值

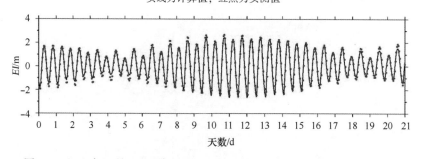

图 5.4 2015 年 8 月 20 日到 9 月 10 日芦潮港站天文潮计算值与实测值对比
实线为计算值，红点为实测值

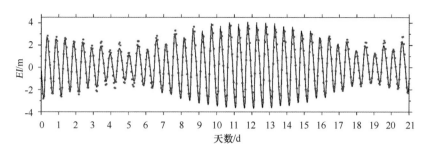

图 5.5　2015 年 8 月 20 日到 9 月 10 日乍浦站天文潮计算值与实测值对比

实线为计算值，红点为实测值

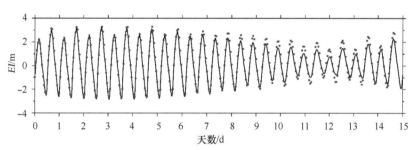

图 5.6　2016 年 8 月 1—16 日金山嘴站天文潮计算值与实测值对比

实线为计算值，红点为实测值

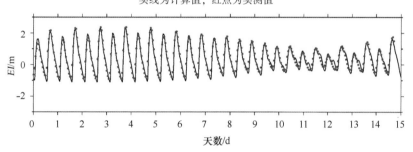

图 5.7　2016 年 8 月 1—16 日高桥站天文潮计算值与实测值对比

实线为计算值，红点为实测值

5.2.2.2　风暴潮验证

本书选取近年来影响上海市金山区附近海域的芦潮港和乍浦两个验潮站的历史观测资料对风暴潮进行验证。其中，芦潮港站收集了 6 次台风（0216、0407、0908、1312、1419、1521）和 2 次温带气旋（07C1、13C1）风暴潮灾害过程期间的逐时潮位和风暴增水资料，乍浦站收集了 9 次台风（5612、9417、9711、0216、0407、0908、1312、1419、1521）风暴潮灾害过程期间的逐时潮位和风暴增水资料。表 5.2 统计了芦潮港站最高潮位和最大增水误差，从芦潮港站验证结果（图 5.8）中可以发现，最高潮位误差平均为 0.12 m，最大为 0.29 m，平均相对误差为 4.23%；过程最大增水误差平均为 0.07 m，最大为 0.12 m，平均相对误差为 10.38%。表 5.3 统计了乍浦站最高潮位和最大增水误差，从乍浦站验证结果（图 5.9）中可以发现，最高潮位误差平均为 0.176 m，最大为 0.36 m，平均相对误差为 3.78%；过程最大增水误差平均为 0.14 m，最大为 0.32 m，平均相对误差为 8.60%。通过上述分析，可以发现风暴潮灾害过程模拟的和实测的相位、高潮位基本一致，由此证明本书中风暴潮数值模式是可靠的。

表 5.2　芦潮港验潮站最高潮位和最大增水误差统计分析

台风案例	最高潮位/m			最大增水/m		
	模拟值	实测值	误差	模拟值	实测值	误差
0216	2.94	3.23	0.29	0.79	0.77	0.02
0407	2.68	2.95	0.27	0.55	0.61	0.06
0908	2.58	2.61	0.03	0.67	0.59	0.08
1312	2.89	2.92	0.03	0.62	0.51	0.11
1419	2.84	2.92	0.08	1.26	1.20	0.06
1521	2.77	2.91	0.14	0.61	0.55	0.06
07C1	2.39	2.35	0.04	0.87	0.82	0.05
13C1	2.68	2.57	0.11	1.01	0.89	0.12
绝对误差平均值/m	0.12			0.07		
最大绝对误差/m	0.29			0.12		
相对误差百分比	4.23%			10.38%		

表 5.3　乍浦验潮站最高潮位和最大增水误差统计分析

台风案例	最高潮位/m			最大增水/m		
	模拟值	实测值	误差	模拟值	实测值	误差
5612	4.31	4.37	0.06	4.29	4.11	0.18
9417	4.35	4.46	0.11	1.66	1.59	0.07
9711	4.95	5.18	0.23	2.66	2.47	0.19
0216	4.47	4.75	0.28	1.55	1.40	0.15
0407	3.87	3.90	0.03	0.83	0.70	0.13
0908	3.89	3.97	0.08	1.51	1.57	0.06
1312	4.17	4.02	0.15	1.40	1.30	0.10
1419	3.88	4.05	0.17	1.42	1.74	0.32
1521	4.32	3.96	0.36	1.17	1.15	0.02
绝对误差平均值/m	0.17			0.14		
最大绝对误差/m	0.28			0.32		
相对误差百分比	3.78%			8.60%		

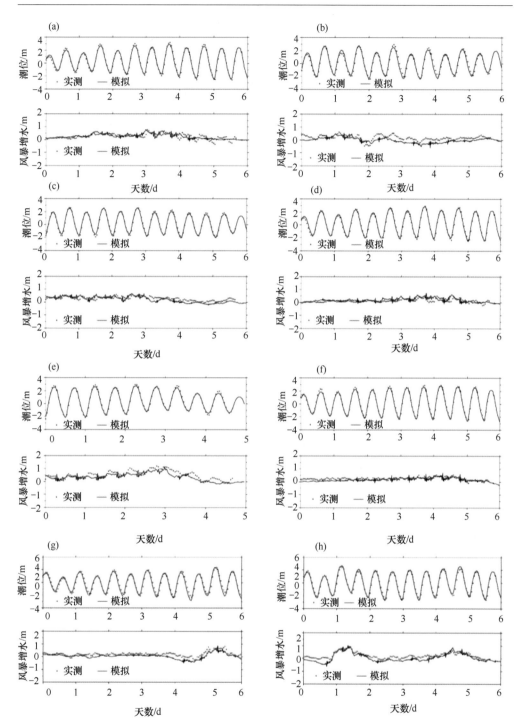

图 5.8 芦潮港站 8 次历史风暴潮灾害过程潮位（上）和风暴增水（下）验证对比

（a）0216；（b）0407；（c）0908；（d）1312；（e）1419；（f）1521；（g）07C1；（h）13C1

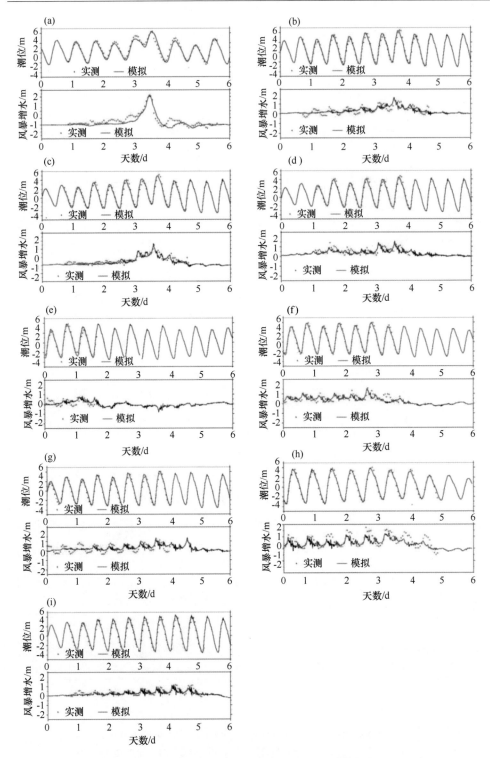

图 5.9　乍浦站 9 次历史风暴潮灾害过程潮位（上）和风暴增水（下）验证对比

（a）5612；（b）9417；（c）9711；（d）0216；

（e）0407；（f）0908；（g）1312；（h）1419；（i）1521

5.2.3 可能最大台风风暴潮淹没计算

5.2.3.1 关键参数设定

1) 风场模型

台风产生的风暴潮是近岸灾害性海洋环境和工程环境研究的重要问题，风场精度在很大程度上决定了风暴潮的计算精确度。台风风场模型的研发和应用是为了弥补灾害性天气过程中观测不足引发的问题，主要做法是通过台风最大风速和影响半径等实测或预报要素来估算台风影响半径内的海平面气压和风速分布。本书中参数风场模型采用藤田-高桥嵌套模型，藤田模型生成台风气压场，高桥模型生成风场。

（1）气压场模型

藤田气压场模型是理论气压模型，模型如下：

$$P = P_\infty - (P_\infty - P_0)\left[1 + \left(\frac{r}{R_0}\right)^2\right]^{-\frac{1}{2}} \tag{5.18}$$

式中，P_0 为台风中心气压，P_∞ 为台风外围气压，r 为目标点到台风中心的距离，R_0 为最大风速半径。

（2）台风风场模型

台风风场通常由台风中心对称风场和台风移行风场两部分叠加而成，目前国内外有关台风风场的模拟研究通常是采用根据某个气压场模型计算出台风的中心对称梯度风风场，然后叠加台风中心移动的移行风场。

（3）梯度风风场

梯度风速可由气压场通过梯度风关系得到，

$$\overrightarrow{W_1} = \sqrt{\frac{f^2 r^2}{4} + \frac{r}{\rho_a}\frac{\partial P}{\partial r}} - \frac{fr}{2} \tag{5.19}$$

式中，$f = 2\Omega\sin\varphi$，为科氏参数；Ω 为地球自转角速度；φ 为纬度；ρ_a 为空气密度。

2) 台风路径

本书基于影响金山区历史上的台风路径设计极端台风情景的行进方向。图5.10所示为1949—2016年影响金山海域的台风路径集合，将坐标原点定位于金山区沿海，以正南—正北方向为 y 轴、垂直 y 轴方向取为 x 轴构建坐标系，由此可见，影响金山区的台风来向大都分布在第一、第二象限内。在此坐标系的第一、第二象限内，以22.5°为夹角进行路径旋转，从正北向到正西向每隔22.5°为一类，形成6类路径，如图5.11所示，其中第2、第3、第4、第5、第6类这5类为常见影响金山区域的台风行进路径。7708号台风为历史上影响金山区最严重的台风，造成了金山区历史上最严重的风暴增水，登陆前台风行进方向突然由原来的东南—西北走向转向为东北—西南走向，将其作为影响金山区的第1类典型台风路径。这6类路径中，每类路径均为以0.5倍的最大风速半径平移得到覆盖金山区的平行路径，形成影响金山区各种最不利台风事件集。

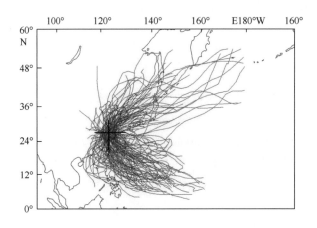

图 5.10　1949—2016 年影响金山海域台风

3）台风中心气压

本书选取金山区 300 km 范围内 1949—2016 年的历史台风路径资料，构建了影响金山区台风中心气压差年极值序列，利用耿贝尔分布计算了中心气压差概率分布曲线（图 5.12）。依据国家核安全局（1998），采用确定论法计算 1 000 a 一遇中心气压作为影响金山区的可能最大台风，由此计算得到影响金山区的可能最大台风的中心气压为 873 hPa。

4）最大风速半径

台风最大风速半径是指风近中心到出现最大风速处的半径。台风最大风速半径是影响风暴增水大小的关键参数之一，一般台风半径越大表示台风的"个头"越大，在其他参数条件一定的前提下风暴增水越大，台风最大风速半径与台风强度呈负相关关系，图 5.13 为根据美国台风预警中心（Joint Typhoon Warning Center，JTWC）观测到的西北太平洋台风最大风速半径与台风中心气压差的响应关系散点图。本书利用经验统计关系确定台风最大风速半径，经验公式计算台风最大风速半径如下所示：

$$R_{max} = 1.119 \times 10^3 \times (1\ 010 - P_0)^{-0.805}$$

式中，P_0 为台风气压中心气压（hPa）；R_{max} 为台风最大风速半径（km）。

5）天文潮

在各类构造的风暴潮个例中，均需要叠加天文潮高潮位。本研究中选取研究区域内的代表性潮（水）位站的连续 19 a 月最大天文潮 10%超越高潮位数作为叠加的天文潮位。金山区研究区域内的最具代表性且有连续实测天文潮资料的验潮站为芦潮港站。经分析，芦潮港站 19 a 连续天文潮中 10%超越高潮位的潮位值为 282 cm。查阅芦潮港海洋站连续 19 a 潮位资料，2015 年 8 月 30 日 23：45 的潮位值与之对应。因此，将距离该时刻最近的芦潮港站实测天文高潮位作为基准，在风暴潮数值模拟中叠加此天文高潮位进行淹没模拟。

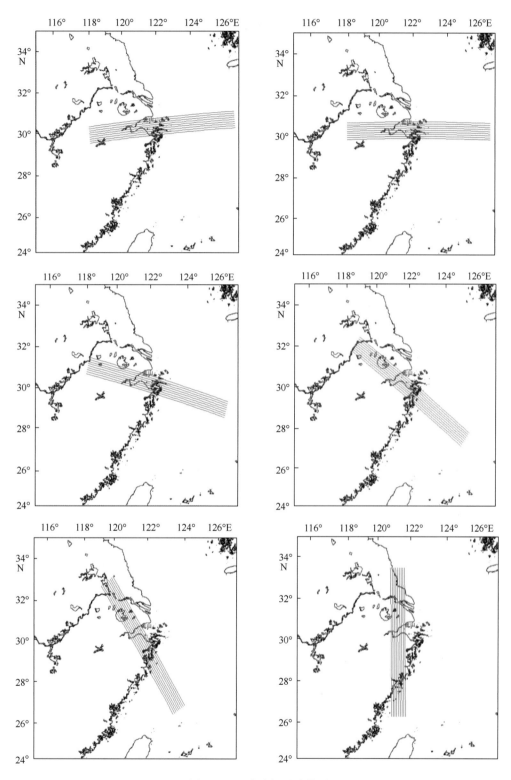

图 5.11　6 类路径平移效果

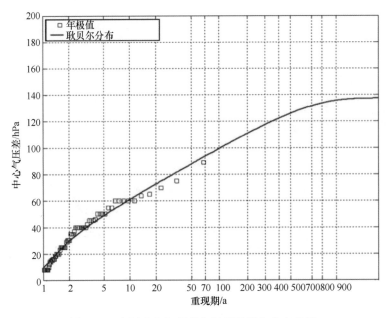

图 5.12　台风中心气压差年极值耿贝尔分布曲线

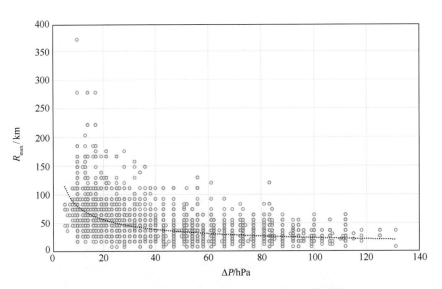

图 5.13　台风中心气压差与最大风速半径散点图

5.2.3.2　数值模拟结果

　　基于构建的上海市金山区高精度风暴潮数值模式，对影响金山区各种最不利台风的事件集风暴潮灾害过程进行数值模拟。选取金山附近海域代表性验潮站 6—10 月的 19 a 的逐月高潮平均值作为叠加风暴潮的天文潮位值，对所有最不利台风情景风暴潮漫堤淹没模拟求并集，计算得到上海市金山区可能最大台风风暴潮淹没范围及水深分布（图 5.14）。从图 5.14 中可以发现，可能最大台风风暴潮会导致金山区大部分区域都会产生淹没，且大部分区域淹没水深在 2 m 以下，山阳镇和石化街道部分临海区域淹没超过 2 m。

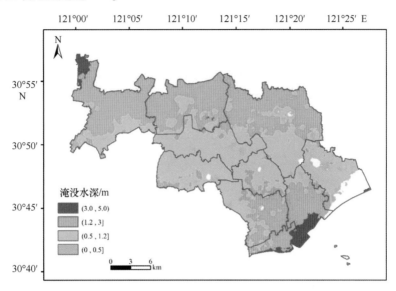

图 5.14　上海市金山区可能最大台风风暴潮淹没范围及水深分布

5.2.4　可能最大温带风暴潮淹没计算

可能最大温带风暴潮淹没计算采用 16 方位法构建评估区域最严重温带天气系统。16 方位法构建最严重温带天气系统过程如下：设定评估区域内参考点（可选取研究区域内的代表性潮位站或水位站作为参考点），构建参考点温带天气系统下的16 个方位风速极值序列，用极值 I 型分布计算 16 个方位多年一遇极值风速，选取16 个方位中 1 000 a 一遇极大值。按 16 个方位构造引起可能最大温带风暴增水的风速随时间变化过程线，构建最严重温带天气系统所需的风场。在此基础上，结合风暴潮数值模式模拟风暴潮灾害淹没过程，形成可能最大温带风暴潮淹没范围及水深分布结果。

5.2.4.1　风场构造

基于滩浒岛站的 1996—2016 年实测风速资料构建温带天气系统（12 月至翌年 4月）下的 16 方位风速极值序列，用极值 I 型分布求得 16 个方位的 1 000 a 一遇极大值（图 5.15）。影响金山区域的温带系统主要为冷空气，因此，常见大风方向主要为偏北（N）、东北北（NNE）、东北（NE）、东北东（ENE）4 个方向，逐年风速极值详见表 5.4。

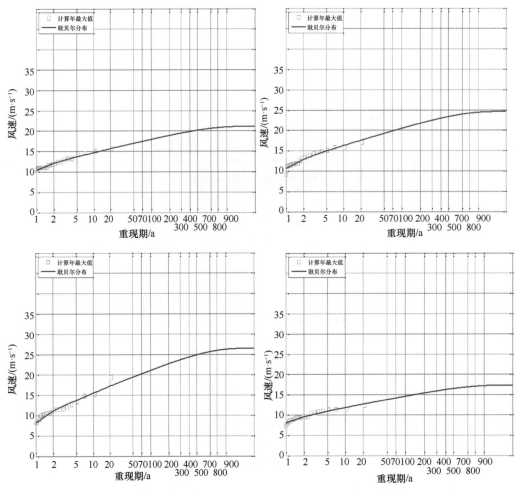

图 5.15 常见大风方向风速重现期分布

风向由左至右、由上至下依次为 N、NNE、NE、ENE

表 5.4 分方向逐年风速极值   单位：m/s

年份	NNE	NE	ENE	N
1996	11.775	11.025	9.225	5.475
1997	11.25	8.25	8.25	0
1998	15.75	9	9	0
1999	13.275	10.5	10.725	10.5
2000	15.75	19.275	9.525	0
2001	13.725	14.775	11.25	0
2002	11.775	9.975	10.275	12.375
2003	9.075	8.175	8.85	10.875

续表

年份	NNE	NE	ENE	N
2004	14.475	10.575	7.275	15.675
2005	11.475	10.05	9.3	13.2
2006	13.8	10.275	9.525	14.55
2007	15	11.475	8.7	14.175
2008	11.1	11.925	11.325	11.85
2009	14.775	15.075	10.5	13.125
2010	13.2	13.275	12.225	12.45
2011	11.325	8.775	7.725	11.625
2012	12.45	11.55	11.325	11.925
2013	14.325	10.5	9.45	12.9
2014	11.7	11.475	9.225	11.55
2015	11.7	11.325	8.625	11.1
2016	17.025	12.6	11.025	14.925

可能最大温带风暴潮按照 4 个金山区海域常见大风风向（N，NNE，NE，ENE）1 000 a 一遇风速构造。风力参照滩浒岛风速 21 a 实测数据，选取 21a 内（1996—2016 年）各方向最强风力过程作为基础过程加强构造。其中，各方向的最强风力过程基本均选取了达到最大风速的过程，仅 NNE 方向因次大风速的 1998 年 12 月初过程持续时间长总体影响强劲而选取了 1998 年的过程。基础过程如表 5.5 所示。

表 5.5　温带各风向过程风速和 1 000 a 一遇风速　　　单位：m/s

风向	基础过程时间	过程风速	1 000 a 一遇风速
N	2004.3.17—19	15.68	21.50
NNE	1998.12.1—4	15.75	24.75
NE	2000.11.7—11	19.28	26.75
ENE	2010.4.14—16	12.23	17.50

5.2.4.2　温带风暴潮模拟

可能最大温带风暴潮采用上述 4 个风向（N，NNE，NE，ENE）1 000 a 一遇风速的构造风，并叠加以天文潮高潮位计算。对所有方向的构造案例综合统计以确定淹没范围，计算得到上海市金山区可能最大温带风暴潮潮位分布图和增水分布（图 5.16）。

结果表明，可能最大温带风暴潮尚不至于产生淹没。其造成的上海市金山区最高潮位为 5.0~5.7 m，最大增水为 2~3 m。由于没有漫堤淹没，故仅对溃堤情形下计算，得到淹没范围（图 5.17），其淹没范围整体不大，小于 1 m。

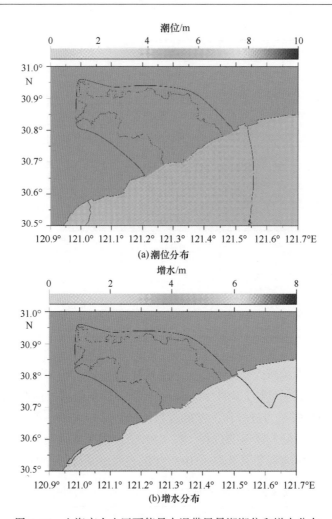

图5.16 上海市金山区可能最大温带风暴潮潮位和增水分布

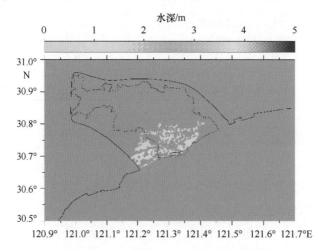

图5.17 上海市金山区可能最大温带风暴潮淹没范围及水深分布

5.3 金山区风暴潮灾害脆弱性分析

本书将风暴潮灾害脆弱性等级划分为Ⅰ、Ⅱ、Ⅲ、Ⅳ 4个等级，土地利用类型
与脆弱性等级范围对应关系如表 5.6 所示。根据金山区各类典型承灾体分布，金山
区典型承灾体均分布于市区东南近海方向，主要承灾体为危险化学品企业，其次为
学校、工业园区和医院等。公路用地、工业园区用地、危险化学品企业用地等土地
利用类型的脆弱性等级根据其规模或等级进行确定，具体对应关系如表 5.7 至表
5.9 所示。

表 5.6　金山区土地利用现状分类与脆弱性等级范围对应关系

土地利用现状二级类			
编码	名称	脆弱性范围	脆弱性等级
011	水田	0.1	Ⅳ
012	水浇地	0.2	Ⅳ
013	旱地	0.2	Ⅳ
021	果园	0.3	Ⅳ
023	其他园地	0.1	Ⅳ
031	有林地	0.1	Ⅳ
032	灌木林地	0.1	Ⅳ
033	其他林地	0.1	Ⅳ
041	天然牧草地	0.1	Ⅳ
043	其他草地	0.1	Ⅳ
201	城市	1	Ⅰ
202	建制镇	1	Ⅰ
203	村庄	1	Ⅰ
204	采矿用地	0.6~1	Ⅱ~Ⅰ
205	风景名胜及特殊用地	0.5	Ⅲ
101	铁路用地	0.9	Ⅰ
102	公路用地	0.7~0.8	Ⅱ
104	农村道路	0.6	Ⅱ
105	机场用地	0.8	Ⅱ
106	港口码头用地	0.6~1	Ⅱ~Ⅰ
111	河流水面	0.1	Ⅳ
112	湖泊水面	0.1	Ⅳ
113	水库水面	0.2	Ⅳ
114	坑塘水面	0.3	Ⅳ

续表

编码	名称	脆弱性范围	脆弱性等级
115	沿海滩涂	0.1	Ⅳ
116	内陆滩涂	0.1	Ⅳ
117	沟渠	0.1	Ⅳ
118	水工建筑用地	0.8	Ⅱ
122	设施农用地	0.5	Ⅲ
123	田坎	0.1	Ⅳ
124	盐碱地	0.1	Ⅳ
125	沼泽地	0.1	Ⅳ
126	沙地	0.1	Ⅳ
127	裸地	0.1	Ⅳ

表 5.7 金山区危险化学品企业重要承灾体脆弱性

编号	重要承灾体	脆弱性	备注
1	上海申悦油墨有限公司	0.9	
2	上海永盛光磊贵金属有限公司	0.9	
3	上海小鸟油漆有限公司	0.9	
4	上海富乐达氟碳材料有限公司	0.9	
5	上海龙姿化工有限公司	1.0	
6	上海凯兰达实业有限公司	0.9	
7	上海展丽化工科技有限公司	1.0	
8	上海斯典化工有限公司	1.0	
9	上海欣旭化工有限公司	1.0	
10	进彩涂料科技（上海）有限公司	0.9	
11	上海海洲特种气体有限公司	0.9	危险化学品企业脆弱性
12	上海氯碱化工股份有限公司华胜化工厂	1.0	范围为 0.8~1.0
13	上海联恒异氰酸酯有限公司	1.0	
14	上海赛科石油化工有限公司	1.0	
15	上海申详工业气体有限公司	0.9	
16	上海北芳危险品物流有限公司	0.9	
17	上海晶扬国际物流有限公司	0.9	
18	上海金山石化物流有限公司	0.9	
19	上海零星危险化学品物流有限公司	0.9	
20	国药集团化学试剂上海有限公司	0.9	
21	上海华谊天原化工物流有限公司	0.9	

编号	重要承灾体	脆弱性	备注
22	优月仓储（上海）有限公司	0.9	
23	上海孚宝港务有限公司	0.9	
24	上海和立工业气体有限公司	1.0	
25	千浪涂料（上海）有限公司	1.0	
26	韩锦化工（上海）有限公司	1.0	
27	艾迪科精细化工（上海）有限公司	1.0	
28	上海金山工业气体合作公司	0.9	
29	上海元万实业有限公司	1.0	
30	上海金为化工有限公司	1.0	
31	上海浩州化工有限公司	1.0	
32	上海石化联新催化剂研究所有限公司	0.9	
33	上海金森石油树脂有限公司	0.9	
34	上海华峰超纤材料股份有限公司	0.9	
35	上海花王化学有限公司	1.0	
36	上海瑞年精细化工有限公司	1.0	
37	上海长润发涂料有限公司	0.9	
38	上海峰彩实业有限公司	0.9	危险化学品企业脆弱性
39	上海奥威日化有限公司	0.9	范围为 0.8~1.0
40	美凯威奇（上海）新材料科技有限公司	0.9	
41	上海普利特化工新材料有限公司	1.0	
42	科莱恩催化剂（上海）有限公司	0.9	
43	紫荆花涂料（上海）有限公司	0.9	
44	上海雪垠化工有限公司	1.0	
45	上海三恩化工有限公司	1.0	
46	上海乘鹰新材料有限公司	0.9	
47	上海石化岩谷气体开发有限公司金山分公司	1.0	
48	上海都茂爱净化气有限公司	0.9	
49	万果新材料科技（上海）有限公司	0.9	
50	上海耀岩化学品有限公司	1.0	
51	上海博歌建材有限公司	0.9	
52	上海联启化工科技有限公司	1.0	
53	巴斯夫护理化学品（上海）有限公司	0.9	
54	上海巴德士化工新材料有限公司	0.9	
55	上海金地石化有限公司	1.0	
56	上海大通涂料化工有限公司	1.0	

编号	重要承灾体	脆弱性	备注
57	中国石化上海石油化工股份有限公司	1.0	
58	上海博鹤企业发展有限公司	0.9	
59	上海赫腾精细化工有限公司	1.0	
60	上海明道实业有限公司	0.9	
61	上海稻畑精细化工有限公司	1.0	
62	上海华谊集团华原化工有限公司	1.0	
63	上海嘉宝莉涂漆有限公司	0.9	
64	上海超强化工有限公司	1.0	
65	上海正欧实业有限公司	0.9	
66	圣莱科特精细化工（上海）有限公司	1.0	
67	米高化工（上海）有限公司	1.0	
68	上海豪盛化工科技有限公司	1.0	危险化学品企业脆弱性
69	上海浩业化工有限公司	1.0	范围为 0.8~1.0
70	上海荟百精细化工有限公司	1.0	
71	上海春宝化工有限公司	1.0	
72	上海汇得化工有限公司	1.0	
73	上海金化化工合作公司	0.9	
74	上海奔驰化工有限公司	0.9	
75	上海山阳农工商实业有限公司	0.9	
76	上海易浩利化工有限公司	1.0	
77	上海海洲工贸有限公司	0.9	
78	上海盛瀛化工有限公司	1.0	
79	上海石化明盈特种气体有限公司	0.9	
80	上海博荟化工有限公司	1.0	

表 5.8　金山区新增土地利用现状分类与参考脆弱性等级范围对应关系

名称	脆弱性范围	脆弱性等级	参考土地利用名称	脆弱性范围	脆弱性等级
畜禽饲养地	0.1	IV	其他园地	0.1	IV
养殖水面	0.3	IV	坑塘水面	0.3	IV
晒谷场用地	0.5	III	设施农用地	0.2~0.5	IV~III
军事设施用地	1.0	I	监教场所用地	1.0	I
荒草地	0.1	IV	其他草地	0.1	IV
其他未利用土地	0.1	IV	空闲地	0.1	IV
苇地	0.1	IV	其他草地	0.1	IV
滩涂	0.1	IV	内陆滩涂	0.1	IV

表 5.9　金山区重要承灾体风暴潮灾害脆弱性等级赋值

序号	承灾体类型	脆弱性等级	序号	承灾体类型	脆弱性等级
1	金山石化基地	I	6	学校	I
2	危险化学品企业	I	7	医院	I
3	沪金高速	I	8	港口码头	II
4	沪杭公路	II	9	电力设施	I
5	天华公路	II			

　　基于上述原则，采用 GIS 空间分析方法，计算得到了金山区基于土地利用斑块的风暴潮灾害脆弱性空间分布（图 5.18 所示）。从图 5.18 中可以发现，金山区沿海地区土地利用脆弱性等级普遍高于内陆地区，尤其是石化街道、金山卫镇南部的第二工业区、山阳镇和漕泾镇的上海化学工业区等工业园区、危险品及化工企业集中区域，土地利用脆弱性等级处于较高水平。

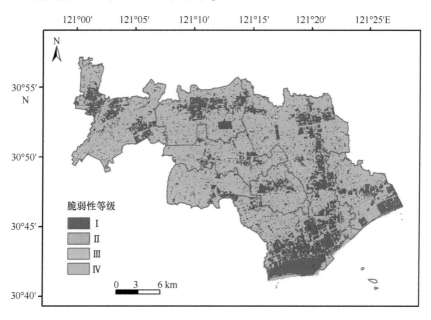

图 5.18　金山区风暴潮灾害脆弱性等级分布

5.4　金山区风暴潮灾害风险分析

　　综合考虑风暴潮灾害致灾因子危险性、承灾体的脆弱性，对上海市金山区风暴潮灾害风险进行综合等级评估。风暴潮灾害危险性（H）依据淹没水深按严重程度从高到低分为 I、II、III、IV 4 级，风暴潮灾害脆弱性（V）也分为 I、II、III、IV 4 级。采用如下公式计算风暴潮灾害风险：

$$R = H \times V$$

根据上述公式计算得到风险值域范围为 0~16，风险等级（R）划分为低（$1 \leq R \leq 3$）、中（$4 \leq R \leq 6$）、高（$8 \leq R \leq 9$）、极高（$12 \leq R \leq 16$）4 个级别（详见表5.10，其中无淹没表示没有风暴潮灾害淹没危险）。基于所得土地利用脆弱性等级分布和淹没深度危险性等级分布，利用 ArcGIS 空间分析功能模块中 Map Algebra 下的 Raster Calculator 工具，将"脆弱性区划"和"危险性区划"栅格图层叠加，计算"脆弱性等级"和"淹没深度"两个字段之积，可得 0、1、2、3、4、6、8、9、12、16 共 10 种风险值结果，再利用 Reclassify 分类工具对所得风险值进行重分类。其中，"0"表示无淹没区域，其余风险值按照上述方法进行等级划分。最后，采用分级色彩表示不同区域范围的风险等级，得到上海市金山区风暴潮灾害风险等级分布（图 5.19）中可以发现，上海市金山区整体风暴潮灾害风险较高，金山区石化街道、山阳镇临海大部分区域都处于风暴灾害风险等级Ⅰ级分布区，而枫泾镇、朱泾镇、亭林镇部分区域受风暴潮引起的河口洪水影响也处于风暴潮灾害风险等级Ⅰ级分布区。

表 5.10　风暴潮灾害风险等级对应表

V ＼ H（淹没水深）	0 无淹没	Ⅰ (0~0.5 m)	Ⅱ (0.5~1.2 m)	Ⅲ (1.2~3.0 m)	Ⅳ (>3.0 m)
Ⅰ	0	1	2	3	4
Ⅱ	0	2	4	6	8
Ⅲ	0	3	6	9	12
Ⅳ	0	4	8	12	16

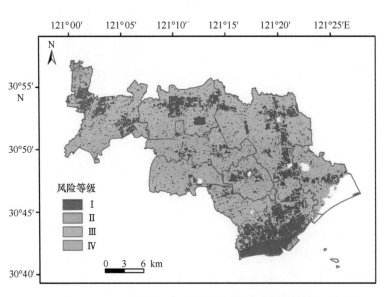

图 5.19　上海市金山区风暴潮灾害风险等级分布

5.5 县尺度风暴潮灾害防治对策与建议

上海市是我国沿海地区人口和财产分布最密集的区域之一，也是我国沿海面临的风暴潮灾害防灾减灾形势最严峻的区域。金山区是上海市最重要的危险化学品企业聚集区域，上海市金山区整体风暴潮灾害风险较高，金山区石化街道、山阳镇临海大部分区域以及枫泾镇、朱泾镇、亭林镇部分区域都处于风暴灾害风险等级Ⅰ级分布区，基于本章的研究成果，针对上海市金山区提出以下风暴潮灾害防灾减灾对策建议：

（1）建议针对危险性等级较高的风暴潮灾害高风险区开展工程性海洋防灾减灾措施建设。对于高程较低的海堤要尽量提高其标准；对于闸口等比较薄弱的部位，应制定必要的应急预案，加强防灾物资储备，提高其防灾能力，以确保一旦发生大的风暴潮灾害。对于分布有亲海空间、草本植物等生态系统的海岸带区域，要充分发挥生态系统抵御风暴潮灾害的屏障作用。

（2）本书收集到的金山区避灾点共 11 个，可容纳避灾人数约 4 万人，基本上都在沿海 10 km 范围内。结合本书金山区风暴潮灾害风险评估的淹没范围，大部分避灾点也将被淹没，并非安全避灾点，会造成人员疏散困难，建议结合本研究评价结果以及金山区地形地貌等因素，增设或调整海洋灾害避灾点，并竖立醒目的避灾点指示牌。

（3）建议加强风险较高的乡镇的基层防灾减灾救灾体系建设。沿海乡镇是海洋灾害防灾减灾救灾的第一线，需建立健全防灾减灾救灾体系，在风暴潮灾害宣传、人员撤离引导、灾害预警报、防灾演练等多方面都应制定相应措施，修编相关乡镇的风暴潮灾害应急预案，纳入风暴潮灾害风险评估研究成果，并结合预案加强宣传、演练。

（4）从承灾体资料显示，上海市金山区沿海共有 3 家石油化工企业、100 家危险化学品企业、6 个工业园区。这些承灾体遭受风暴潮灾害时，不仅会造成巨大的经济损失，也可能发生有毒有害原料泄露的次生灾害，危害居民人身安全，破坏沿海生态环境。因此，它们不仅是承灾体，也是风险源。在今后金山区发展规划中，需加大对现有风暴潮灾害风险源的管控，在布局沿海危化品产业的规划与建设中要充分考虑风暴潮淹没风险，尽量避开风暴潮灾害高风险区。

（5）在全球气候变化背景下，风暴潮灾害的强度、频率、时空格局发生变化，伴随着快速城镇化过程，沿海重特大城市人口与经济高度聚集，社会总体脆弱性变大。风暴潮灾害与社会经济系统相互作用下，系统复杂度及不确定性加大，沿海面临的造成人员伤亡与财产损失的重大海洋灾害潜在风险加剧。本书的评估结果表明，上海市金山区整体风暴潮灾害风险较高，上海市作为我国沿海地区特大型城市，极端风暴潮灾害一旦发生，会给我国沿海地区社会经济发展带来巨大的威胁。必须针对上海市沿海地区开展重、特大海洋灾害链综合风险评估与风险处置预研，评估极端情景下重、特大风暴潮灾害的影响。从灾害风险防范角度开展极端风暴潮灾害社会影响评价和应急处置方案设计，统计分析历史重、特大风暴潮灾害典型案例及其致灾机理，辨识上海市重、特大风暴潮灾害发生的潜在影响区域，开展关键技术应对预研，从技术成果、防范措施等方面为上海市沿海地区应对重、特大风暴潮灾害提供支持。

6 结论与展望

6.1 主要结论

本书针对风暴潮灾害，以提升我国风暴潮灾害风险评估能力为研究目标，旨在深化对风暴潮灾害风险系统的认识，系统阐述了风暴潮灾害风险评估国内外研究进展，从沿海地方不同层级行政管理部门风暴潮防灾减灾实际需求出发，建立了国家、省、县三级尺度风暴潮灾害风险评估理论体系，明确了风暴潮灾害 4 个风险等级的意义和内涵，提出了不同尺度风暴潮灾害风险评估方法和风险图制图方案，并选择全国沿海、河北省、上海市金山区开展了不同尺度的风暴潮灾害风险评估实证研究和应用实践，主要研究成果和结论如下。

（1）风暴潮灾害致灾因子众多，包括风暴增水、天文潮、近岸浪、风暴减水等，针对风暴潮致灾特点提出了受风暴潮灾害影响承灾体的主要致灾形式。风暴潮灾害风险系统由风暴潮灾害致灾因子、承灾体及孕灾环境共同构成，风暴潮灾害风险的评估主要包括致灾因子的量化评估和考虑孕灾环境影响下的承灾体的脆弱性评估及其二者的综合。系统梳理了国内外风暴潮灾害分级研究现状，基于风暴增水、超警戒潮位和淹没水深，提出了一套风暴潮灾害危险性等级划分方案，阐述了风暴潮灾害 I 、 II 、 III 、 IV 4 个风险等级的意义和内涵。

（2）依据风暴潮灾害风险评估的应用目标、技术方法、评估内容和评估单元的不同，本书将风暴潮灾害风险评估分为国家、省、县 3 个不同的尺度，针对不同尺度风暴潮灾害风险评估分别提出了一套评估方法。以基础地理信息要素为底图，以合理突出灾害风险专题要素为原则，通过符号设计、色彩设计等手段向用图者传递风暴潮灾害风险等级和风险分布信息，提出了一套风暴潮灾害风险图制图方案。

（3）以全国沿海地区为典型案例，开展了国家尺度风暴潮灾害危险性评估技术方法实证研究。基于沿海地区验潮站和水文站历史观测资料，从多个角度开展我国沿海地区风暴潮灾害危险性评价，分析了不同重现期（2 a，5 a，10 a，20 a，50 a，100 a，200 a，500 a，1 000 a）风暴增水和超警戒潮位空间分布特征，一般潮灾、较大潮灾、严重潮灾和特大潮灾的发生频率，揭示了不同等级潮灾的发生频率在我国沿海的空间分布特征。考虑风暴增水和超警戒潮位的期望，科学评估了我国沿海 10 km 岸段和以县为单元的风暴潮灾害危险性等级分布，结果表明，渤海湾底部沿岸、莱州湾沿岸、长江口沿岸、福建北部福州到浙江南部台州、广东惠州、珠江口到阳江、雷州半岛东部沿岸是我国沿海地区风暴潮灾害高危险区。

（4）以河北省为典型案例，开展了省尺度风暴潮灾害风险评估和区划技术方法的实证研究。利用风暴潮数值模式和数据同化的计算成果，获得河北省沿海 2′岸段典型重现期风暴增水和超警戒潮位分布。以沿海乡镇为单元开展了河北省风暴潮灾害危险性评估，利用河北省土地利用一级分布类型和重要承灾体分布，开展了河北省风暴潮灾害脆弱性评估。在此基础上，综合评估了河北省沿海乡镇风暴潮灾害风险等级分布，有针对性地提出了河北省风暴潮防灾减灾对策与建议。研究结果表明，河北省沿海 2 个乡（镇）处于Ⅰ级风险等级区，5 个乡（镇）处于Ⅱ级风险等级区，13 个乡（镇）处于Ⅲ级风险等级区，22 个乡（镇）处于Ⅳ级风险等级区，其中唐山市的曹妃甸区滨海镇和沧州市的黄骅镇是河北省沿海乡（镇）的Ⅰ级风险区。

（5）以上海市金山区为典型案例，开展了县尺度风暴潮灾害风险评估和区划技术方法的实证研究。建立了上海市金山区高精度风暴潮数值模式，基于历史典型风暴潮灾害过程设计上海市金山区引发风暴潮的可能最大台风关键参数和最严重温带天气系统，计算上海市金山区可能最大台风和温带风暴潮淹没范围及水深分布并进行了上海市金山区风暴潮灾害危险性等级划分，基于土地利用类型和重要承灾体分布对上海市金山风暴潮灾害脆弱性进行等级评估，综合考虑风暴潮灾害致灾因子危险性和承灾体的脆弱性，开展了金山区风暴潮灾害风险等级评估。结果表明，上海市金山区整体风暴潮灾害风险较高，金山区石化街道、山阳镇临海大部分区域以及枫泾镇、朱泾镇、亭林镇部分区域处于风暴灾害风险等级Ⅰ级区。

6.2 创新点

本书主要创新点如下：

（1）本书基于我国沿海地区风暴潮灾害分布特征和致灾特点，考虑风暴潮灾害风险评估的应用目标、技术方法、评估内容和评估单元的不同，系统提出了一套适用于我国沿海地区的国家、省、县三级尺度的风暴潮灾害风险评估和区划方法体系。

（2）基于中国 60 余个长期站观测资料，从多个角度系统分析了我国沿海地区风暴潮灾害危险性分布，揭示了不同等级强度的潮灾在我国沿海地区的发生频率空间分布特征，科学地识别了中国沿海风暴潮灾害高危险区，发现中国沿海地区超过 1/3（87 个）的县处于风暴潮灾害高危险区，进而提出了有针对性的风暴潮防灾减灾对策与建议。

（3）将观测资料、数学模型与风险评估技术相结合，提出了县尺度可能最大台风风暴潮和温带风暴潮计算方法，数值模拟了极端风暴潮情景下的淹没水深空间分布，据此开展风暴潮灾害危险性评估，并制作大比例尺风暴潮灾害危险等级分布图。

6.3　研究展望

灾害的定量化、模型化、系统化是自然灾害风险管理的热点和趋势（陈克平，2004）。风暴潮物理过程的数值模拟通过近几十年的发展形成了一批成熟的模式，促进了风暴潮数值预警报技术的业务化应用，为风暴潮的危险性研究奠定了坚实基础。国外基于风暴潮危险性和脆弱性定量的研究成果，开发了一系列风暴潮灾害综合风险评估模型系统，可以用于风暴潮直接经济损失评估、间接经济损失评估、减灾效益分析、防灾减灾策略研究等，研究重点从风暴潮的风险评估逐步注重风暴潮的风险管理。我国也针对风暴潮制定了相关的灾害应急预案（国家海洋局，2012b），针对不同海区发展了一些各具特色风暴潮灾害预警报系统，但风暴潮灾害风险评估的系统性研究还不够全面和深入，风暴潮灾害风险评估的研究成果还不能满足我国风暴潮灾害风险管理的需求。加强风暴潮灾害的综合风险评估研究，开发具有我国沿海区域风暴潮灾害影响特征的综合风险评估辅助决策支持系统，为沿海区域的城市规划、社区减灾、灾害应急提供决策支持，这是我国今后风暴潮灾害风险评估研究的重点。

受全球气候变化影响，全球的热带气旋总频次近年来有减少趋势，而强度较大的热带气旋的比例有显著上升趋势（Webster et al.，2005；Susan，2007），风暴潮灾害极端事件发生的可能性在加大。我国沿海海平面总体呈上升趋势（自然资源部，2020），受海平面上升等影响，未来海平面的上升会导致基准潮位、设计水位标准的提升，这也会导致沿岸潮位的上升加剧沿岸风暴潮的危险性，海岸风暴的风险有增强趋势（Hoffman et al.，2010）。结合全球变化影响，分析风暴潮灾害未来风险的趋势性、周期性，定量评估全球气候变化和海平面上升对风暴潮灾害风险的影响是风暴潮灾害风险研究的难点。

承灾体脆弱性是风暴潮灾害风险评估的重要方面，定量化评价是当前的重点之一。我国风暴潮灾害脆弱性研究，由于历史风暴潮灾情数据资料严重缺乏，潮情及潮灾实测资料年限较短，而史志文献中对潮灾记录中风暴潮灾害损失数据难以满足研究需求，历史上不同时间不同系统或单位灾情统计资料的可比较性较差（杨罗和董良永，2004），导致采用传统的致灾因子强度-灾害损失反演建立定量脆弱性矩阵或曲线存在极大困难，而且渔业养殖、港口码头、核电设施、石油化工、海堤工程等风暴潮灾害主要承灾对象脆弱性难以定量化。作者将在未来的研究中，结合全国海洋灾害风险普查工程，建立科学的风暴潮灾害承灾体分类体系以及沿海历史风暴潮灾害案例灾情数据库，摸清我国沿岸风暴潮典型承灾体的分布，重点对倒损房屋、渔业养殖、沿海重点工程等实物进行定量脆弱性分析，定量化评估我国沿海地区受风暴潮灾害影响的典型承灾体损失风险。

参考文献

陈克平, 2004. 灾难模型化及其国外主要开发商 [J]. 自然灾害学报, 13 (2): 1-8.

陈思宇, 王志强, 廖永丰, 2014. 台风风暴潮灾害主要承灾体的成灾机制浅析——以 2013 年"天兔"台风风暴潮为例 [J]. 中国减灾, (05): 44-46.

仇学艳, 王超, 秦崇仁, 2001. 阈值法在河海工程设计中的应用 [J]. 水利学报, 8: 32-37.

董剑希, 付翔, 吴玮, 等, 2008. 中国海高分辨率业务化风暴潮模式的业务化预报检验 [J]. 海洋预报, 25 (2): 11-16.

董胜, 郝小丽, 李锋, 等, 2005. 海岸地区致灾台风暴潮的长期分布模式 [J]. 水科学进展, 16 (1): 42-46.

方国洪, 王骥, 贾绍德, 等, 1993. 海洋工程中极值水位估计的一种条件分布联合概率方法 [J]. 海洋科学集刊, 34: 1-30.

方佳毅, 陈文方, 孔锋, 等, 2015. 中国沿海地区社会脆弱性评价 [J]. 北京师范大学学报: 自然科学版, 51 (3): 280-286.

方佳毅, 2018. 气候变化下中国沿海地区极值水位人口与经济风险评估 [D]. 北京: 北京师范大学.

方伟华, 石先武, 2012. 面向灾害风险评估的热带气旋路径及强度随机模拟综述 [J]. 地球科学进展, 27 (8): 866-875.

方伟华, 王静爱, 史培军, 等, 2010. 综合风险防范——数据库、风险地图与网络平台 [M]. 北京: 科学出版社.

方修琦, 殷培红, 2007. 弹性、脆弱性和适应——IHDP 三个核心概念综述 [J]. 地理科学进展, 5 (5): 11-22.

冯士筰, 1982. 风暴潮导论 [M]. 北京: 海洋出版社.

冯士筰, 李凤岐, 李少菁, 1999. 海洋科学导论 [M]. 北京: 高等教育出版社.

顾裕兵, 赵鑫, 黄君宝, 等, 2010. 影响秦山核电厂热带气旋特征及核安全可能最大热带气旋参数设计值计算 [J]. 浙江水利科技, 167: 41-48.

郭洪寿, 1991. 我国潮灾灾度评估初探 [J]. 南京大学学报, 5: 18-22.

郭迎春, 1997. 河北省沿海风暴潮的发生规律研究 [J]. 自然灾害学报, 4: 82-89.

国家海洋局, 2007. 2006 年中国海洋灾害公报 [R]. 北京: 国家海洋局.

国家海洋局, 2013. 2012 年中国海平面公报 [R]. 北京: 国家海洋局.

国家海洋局, 2015. 2014 年中国海洋灾害公报 [R]. 北京: 国家海洋局.

国家海洋局, 2012a. 风暴潮灾害风险评估和区划技术导则 [S]. 北京: 国家海洋局.

国家海洋局, 2012b. 风暴潮、海浪、海啸和海冰灾害应急预案 [R]. 北京: 国家海洋局.

国家核安全局, 1998. 核安全导则汇编 [M]. 北京: 中国法制出版社.

黄滨，关长涛，崔勇，等，2011. 台风"米雷"对山东网箱养殖业灾害性影响的调查与技术解析［J］. 渔业现代化，04：17-21.

津波·高潮ハザードマップ研究会事務局，2003. 津波·高潮ハザードマップマニュアル［R］. 東京：内閣府.

乐肯堂，1998. 我国风暴潮灾害风险评估方法的基本问题［J］. 海洋预报，15：38-44.

李阔，李国胜，2011. 广东沿海地区风暴潮易损性评估［J］. 热带地理，31（2）：153-159.

李涛，吴少华，侯京明，等，2015. 资料同化在渤黄海风暴潮重现期计算中的应用研究［J］. 海洋通报，34（006）：631-641.

梁海燕，邹欣庆，2004. 海口湾沿岸风暴潮漫滩风险计算［J］. 海洋通报，23（3）：20-26.

梁海燕，邹欣庆，2005. 海口湾沿岸风暴潮风险评估［J］. 海洋学报，27（5）：22-29.

刘德辅，2008. 中国沿海台风灾害区划、防台风标准应急制定、防台风应急评估标准制定［R］. 青岛：中国海洋大学.

刘德辅，韩风亭，庞亮，等，2010. 台风作用下核电站海岸防护标准的概率分析［J］. 中国海洋大学学报，40（6）：140-146.

刘科成，1984. 上海港可能最大台风暴潮的估算［J］. 海岸工程，3（1）：19-29.

刘耀龙，2011. 多尺度自然灾害情景风险评估与区划［D］. 上海：华东师范大学.

石先武，高廷，谭骏，等，2018. 我国沿海风暴潮灾害发生频率空间分布研究［J］. 灾害学，33（1）：49-52.

石先武，国志兴，林国斌，等，2017. 河北省风暴潮灾害风险评估研究［J］. 灾害学，32（2）：85-89.

石先武，国志兴，张尧，等，2016. 风暴潮灾害脆弱性研究综述［J］. 地理科学进展，35（07）：889-897.

石先武，刘钦政，王宇星，2015. 风暴潮灾害等级划分标准及适用性分析［J］. 自然灾害学报，24（3）：161-168.

石先武，谭骏，国志兴，等，2013. 风暴潮灾害风险评估研究综述［J］. 地球科学进展，28（8）：866-874.

石先武，方佳毅，刘珊，等，2019. 我国沿海地区重特大海洋动力灾害应对策略研究［J］. 海洋开发与管理，36（5）：34-38.

石勇，许世远，石纯，等，2009. 洪水灾害脆弱性研究进展［J］. 地理科学进展，28（1）：41-46.

石勇，许世远，石纯，等，2011. 自然灾害脆弱性研究进展［J］. 自然灾害学报，2011，20（2）：131-137.

史建辉，王名文，王永信，等，2000. 风暴潮和风暴灾害分级问题的探讨［J］. 海洋预报，17（2）：12-15.

史培军，2002. 三论灾害研究的理论与实践［J］. 自然灾害学报，011（003）：1-9.

史培军，2012. 中国自然灾害系统地图集［M］. 北京：科学出版社.

史培军，耶格·卡罗，叶谦，2012. 综合风险防范：IHDP综合风险防范核心科学计划与综合巨灾风险防范研究［M］. 北京：北京师范大学出版社.

宋学家，刘钦政，王彰贵，等，2005. 海洋环境预测中的关键科学问题［J］. 海洋预报，22（增刊）：7-16.

孙阿丽，石纯，石勇，等，2009. 沿海省区洪灾脆弱性空间变化的初步探究［J］. 环境科学与管理，

34（3）：36-40.

王超，1986. 随机组合概率分析法及设计水位的推算 [J]. 海洋学报，8（3）：366-375.

王国安，2008. 中国设计洪水研究回顾和最新进展 [J]. 科技导报，26（21）：85-89.

王静爱，武建军，王平，2011. 综合风险防范：搜索、模拟与制图 [M]. 北京：科学出版社.

王乐铭，刘建良，1999. 滨海核电站可能最大风暴潮（PMSS）研究 [J]. 电力勘测，2：49-53.

王喜年，2002. 风暴潮风险分析与计算 [J]. 海洋预报，19（4）：73-76.

王喜年，陈祥福，1984. 我国部分测站台风潮重现期的计算 [J]. 海洋预报服务，1（1）：18-25.

翁光明，龚茂珣，邬惠明，等，2011. 警戒潮位核定规范 [S]. 北京：中国国家标准化管理委员会.

武占科，赵林，葛耀君，2010. 上海地区台风条件风速和雨强联合概率分布统计 [J]. 空气动力学报，28（4）：393-399.

许启望，谭树东，1998. 风暴潮灾害经济损失评估方法研究 [J]. 海洋通报，17（1）：1-12.

杨华庭，田素珍，叶琳，等，1991. 中国海洋灾害四十年资料汇编（1949—1990 年）[M]. 北京：海洋出版社.

杨罗，董良永，2004. 防潮减灾中几个重要问题的探讨与建议 [J]. 海洋预报，21（1）：81-84.

叶天波，2007. 辽宁红沿河核电厂可能最大风暴潮的估算 [D]. 上海：上海交通大学.

殷杰，2011. 中国沿海台风风暴潮灾害风险评估研究 [D]. 上海：华东师范大学.

殷克东，王冰，刘士彬，2010. 中国沿海风暴潮灾害易损性风险区划研究 [J]. 统计与决策，17：48-50.

尹庆江，王喜年，吴少华，1995. 镇海可能最大台风增水的计算 [J]. 海洋学报，17（6）：21-27.

曾剑，孙志林，国志兴，等，2018. 滨海风暴潮灾害风险分析关键技术及应用 [R]. 浙江省水利河口研究院.

张杰，2011. 浙江温州地区海水养殖业风险状况及对策研究 [J]. 现代渔业信息，26（11）：3-5.

赵庆良，许世远，王军，等，2007. 沿海城市风暴潮灾害风险评估研究进展 [J]. 地理科学进展，（05）：32-40.

赵昕，王晓婷，2011. 风暴潮灾害综合财产险精算定价模型探析 [J]. 统计与决策，17：15-17.

浙江省水利河口研究院，2007. 浙江省水利工程防洪减灾能力评估 [R]. 杭州：浙江省水利河口研究院.

郑慧，赵昕，2012. 核密度估计在海洋灾害保险纯保费厘定中的应用——以风暴潮灾害为例 [J]. 海洋环境科学，31（4）：552-560.

郑君，2011. 风暴潮灾害风险评估方法及其应用研究 [D]. 杭州：浙江大学.

中华人民共和国交通运输部，2000. 海港水文规范：JTJ 213—98 [S]. 北京：人民交通出版社.

中华人民共和国自然资源部，2019. 海洋灾害风险评估和区划技术导则 第 1 部分：风暴潮：HY/T 0273—2019 [S]. 北京：中国标准出版社.

周瑶，王静爱，2012. 自然灾害脆弱性曲线研究进展 [J]. 地球科学进展，27（4）：435-442.

自然资源部，2020. 2019 年中国海平面公报 [R]. 北京：自然资源部.

Adger W N, 2006. Vulnerability [J]. Global environmental change, 16（3）：268-281.

Basco D R, Pope J, 2004. Groin functional design guidance from the coastal engineering manual [J]. Journal of Coastal Research, 33（33）：121-130.

Berkes F, 2007. Understanding uncertainty and reducing vulnerability：lessons from resilience thinking [J]. Natural Hazards, 41（2）：283-295.

Boyd E, 2005 . Toward an empirical measure of disaster vulnerability: storm surges, New Orleans, and hurricane Betsy [C]. the 4th UCLA Conference on Public Health and Disasters. Los Angeles.

Bunya S, Dietrich J C, Westerink J J, et al., 2010. A high-resolution coupled riverine flow, tide, wind, wind wave, and storm surge model for southern Louisiana and Mississippi. Part I : Model development and validation [J]. Month Weather Rev, 138 (2): 345-377.

Coles S, 2007. An introduction to statistical modeling of extreme values [M]. Heidelberg: Springer.

Committee N F, 1995. Flood Proofing: How to Evaluate Your Options: Decision Tree [M]. US Army Corps of Engineers, National Flood Proofing Committee.

Dietrich J C, Tanaka S, Westerink J J, et al., 2012. Performance of the Unstructured-Mesh, SWAN+AD-CIRC model in computing hurricane waves and surge [J]. J Sci Comput 52: 468-497.

Dilley M, 2005. Natural disaster hotspots: a global risk analysis [M]. Washington DC: World Bank Publications.

Emanuel K, Ravela S, Vivant E, et al., 2006. A statistical deterministic approach to hurricane risk assessment [J]. American Meteorological Society, 87: 299-314.

Fang J Y, Xu W, Yang S N, et al., 2017. Spatial-temporal analysis of coastal and marine disasters in mainland China [J]. Ocean & coastal Managements.

FEMA, 2010. Multi-hazard loss estimation methodology flood model HAZUS MH MR5 technical manual [R]. Washington, DC: Federal Emergency Management Agency.

FEMA, 2012. Operating Guidance 8-12 joint robability-optimal sampling method for tropical storm surge frequency analysis [J]. Washington, DC: Federal Emergency Management Agency.

Franco L, Gerloni M D, Van D M, 2012. Wave overtopping on vertical and composite breakwaters [J]. Coastal Engineering, 1030-1045.

Füssel H M, 2007. Vulnerability: A generally applicable conceptual framework for climate change research [J]. Global Environmental Change, 17 (2): 155-167.

George E C, Susanne C M, Samuel J R, et al., 1998. Assessing the vulnerability of coastal commuities to extreme storms: the case of Revere, MA., USA [J]. Mitigation and Adaptation Strategies for Global Change, 3 (1): 59-82.

Glahn B, Taylor A, Kurkowski N, et al., 2009. The role of the SLOSH model in National Weather Service storm surge forecasting [J]. National Weather Digest, 33 (1): 3-14.

Goda Y, 2009. Derivation of unified wave overtopping formulas for seawalls with smooth, impermeable surfaces based on selected CLASH datasets [J]. Coastal Engineering, 56 (4): 385-399.

Graf M, Nishijima K, Faber M H, 2009. A probabilistic typhoon model for the northwest pacific region [C]. The Seventh Asia Pacific Conference on Wind Engineering, Taipei, Taiwan.

Granger K, 2003. Quantifying storm tide risk in Cairns [J]. Natural Hazards, 30 (2): 165-185.

Grossi P, Kunreuther H, 2005. Catastrophe modeling: a new approach to managing risk [M]. US : Springer.

Hartmann D, Tank A, Rusticucci M, 2013. IPCC fifth assessment report, climate change 2013: The physical science basis [J]. IPCC AR5, 31-39.

Hieu P D, Vinh P N, Du V T, et al., 2014. Study of wave-wind interaction at a seawall using a numerical wave channel [J]. Applied Mathematical Modelling, 38 (21-22): 5149-5159.

Hoffman R N, Dailey P, Hopsch S, et al., 2010. An estimate of increases in storm surge risk to property from sea level rise in the first half of the twenty-first century [J]. Weather, Climate, and Society, 2 (4): 271-293.

Hossain M N, 2015. Analysis of Human vulnerability to cyclones and storm surges based on influencing physical and socioeconomic factors: Evidences from coastal Bangladesh [J]. International Journal of Disaster Risk Reduction, 13: 66-75.

Irish J L, Resio D T, Cialone M A, 2009. A surge response function approach to coastal hazard assessment. Part 2: Quantification of spatial attributes of response functions [J]. Nat Hazards, 51: 183-205.

Joint Typhoon Warning Center, 2018. Western north pacific ocean best track data, Naval Oceanography Portal. https://www. metoc. navy. mil/jtwc/jtwc. html.

Jonkman S N, 2007. Loss of life estimation in flood risk assessment: theory and applications [D]. Delft: Delft University of Technology.

Jonkman S N, Gelder P V, Vrijling J K, 2003. An overview of quantitative risk measures for loss of life and economic damage [J]. Journal of Hazardous Materials, 99 (1): 1-30.

Jonkman S N, Maaskant B, Boyd E, et al., 2009. Loss of life caused by the flooding of New Orleans after Hurricane Katrina: analysis of the relationship between flood characteristics and mortality [J]. Risk Analysis, 29 (5): 676-698.

Jonkman S N, Vrijling J K, 2008. Loss of life due to floods [J]. Journal of flood risk management, 1 (1): 43-56.

Kang G D, Cao Y M, 2012. Development of antifouling reverse osmosis membranes for water treatment: A review [J]. Water Research, 46 (3): 584-600.

Kato F, Torii K I, 2014. Damages to general properties due to a storm surge in Japan [J]. American Society of Civil Engineers, 159-171.

Kelman I, 2003. Physical flood vulnerability of residential properties in coastal, eastern England [D]. Cambridge : University of Cambridge.

Kelman I, Spence R, 2004. An overview of flood actions on buildings [J]. Engineering Geology, 73 (3): 297-309.

Kircher C A, Whitman R V, Holmes W T, 2006. HAZUS earthquake loss estimation methods [J]. Natural Hazards Review, 7 (2): 45-59.

Kleinosky L R, Yarnal B, Fisher A, 2007. Vulnerability of hampton roads, Virginia to storm-surge flooding and sea-level rise [J]. Natural Hazards, 40 (1): 43-70.

Larese A, Rossi R, Onate E, et al., 2015. Numerical and Experimental Study of Overtopping and Failure of Rockfill Dams [J]. International Journal of Geomechanics, 15 (4): 04014060. 1-04014060. 23.

Larese A, Rossi R, Oñate E, et al., 2013. Numerical and Experimental Study of Overtopping and Failure of Rockfill Dams [J]. International Journal of Geomechanics, 15 (4) : 04014060-04014060.

Li A, Guan S, Mo D, Hou Y, et al., 2020. Modeling wave effects on storm surge from different typhoon intensities and sizes in the south China Sea. Estuarine, Coastal and Shelf Science, 235, 106551.

Li K, Li G, 2011. Vulnerability assessment of storm surges in the coastal area of Guangdong Province [J]. Natural Hazards and Earth System Sciences, 11: 2003-2010.

Lin N, Emanuel K, Smith J A, et al., 2010. Risk assessment of hurricane storm surge for New York City

112

[J]. Journal of geophysical research: Atmospheres (1984—2012), 115 (D18).

Liu D F, Pang L, Xie B T, 2009. Typhoon disaster in China-prediction, prevention and mitigation [J]. Natual Hazards, 49: 421-436.

Liu D F, Pang L, Xie B T, 2009. Typhoon disaster in China: prediction, prevention, and mitigation [J]. Natural Hazards, 49 (3) : 421-436.

Ming X, Xu W, Li Y, et al., 2015. Quantitative multi-hazard risk assessment with vulnerability surface and hazard joint return period [J]. Stochastic Environmental Research and Risk Assessment, 29 (1): 35-44.

Muir W R, Drayton M, Berger A, et al., 2005. Catastrophe loss modelling of storm-surge flood risk in eastern England [J]. Philosophical Transactions of the Royal Society A Mathematical Physical & Engineering Sciences, 363 (1831): 1407-22.

Niedoroda A W, Resio D T, Toro G R, et al., 2010. Analysis of the coastal Mississippi storm surge hazard [J]. Ocean Engineering, 37 (1): 82-90.

Nong S, McCollum J, Xu L, et al., 2010. Probabilistic Storm Surge Heights for the US Using Full Stochastic Events [C]. The 29th Conference on Hurricanes and Tropical Meteorology. Tucson, Arizona.

Peet R, 1989. New models in geography: the political-economy perspective [M]. London: Routledge.

Pendleton E A, Thieler E R, Williams S J, 2005. Coastal vulnerability assessment of cape hatteras national seashore (CAHA) to sea-level rise [R]. United States of America: USGS.

Pistrika A K. Jonkman S N, 2010. Damage to residential buildings due to flooding of New Orleans after hurricane Katrina [J]. Natural Hazards, 54 (2): 413-434.

Pullen T, Allsop N W, Bruce T, et al., 2007. Wave overtopping of sea defences and related structures: assessment manual [J]. Envrionment Agency Enw Kfki.

Rao A D, Chittibabu P, Murty T S, et al., 2007. Vulnerability from storm surges and cyclone wind fields on the coast of Andhra Pradesh, India [J]. Natural Hazards, 41 (3): 515-529.

Resio D T, Irish J, Ciaone M, 2009. A surge response function approach to coastal hazard assessment. Part 1 basic concepts [J]. Nat Hazards, 51: 163-182.

Scheffner N W, Clausner J F, Militello A, 1999. Use and Application of the Empirical Simulation Technique: User's Guide [R]. Washington, DC : US Army Corps of Engineers Engineer Research and Development Center.

Scheffner N W, Mark D J, 1996. Empirical Simulation Technique Based Storm Surge Frequency Analyses [J]. Journal of Waterway, Port, Coastal and Ocean Engineering, 122 (2): 93-101.

Shi X W, Chen B R, Liang Y Y, et al., 2021a. Inundation simulation of different return periods of storm surge based on a numerical model and observational data [J]. Stochastic Environmental Research and Risk Assessment.

Shi X W, Chen B R, Qiu J F, et al., 2021b. Simulation of inundation caused by typhoon-induced probable maximum storm surge based on numerical modeling and observational data [J]. Stochastic Environmental Research and Risk Assessment. https: //doi. org/10. 1007/s00477-021-02034-9.

Shi X W, Han Z Q, Fang J Y, et al., 2020b. Assessment and zonation of storm surge hazards in the coastal areas of china [J]. Natural Hazards, 100 (1): 39-48.

Shi X W, Liu S, Yang S N, et al., 2015. Spatial-temporal distribution of storm surge damage in the coastal area of China [J]. Natural Hazards, 79 (1): 237-247.

Shi X W, Qiu J F, Chen B R, et al., 2020a. Storm surge risk assessment method for a coastal county in China: A case study in Jinshan District, Shanghai [J]. Stochastic Environmental Research and Risk Assessment. 34 (4): 1-14.

Shi X W, Yu P B, Guo Z X, et al., 2020c. Simulation of storm surge inundation under different typhoon intensity scenarios: case study of Pingyang County, China [J]. Nat. Hazards Earth Syst. Sci, 20, 2777-2790.

Silverman B W, 1986. Density estimation for statistics and data analysis [M]. London: Chapman & Hall.

Susan S, 2007. Climate change 2007-the physical science basis: Working group I contribution to the fourth assessment report of the IPCC (Vol. 4) [R]. Cambridge: Cambridge University Press.

Thomas D S K, Phillips B D, Lovecamp W E, et al., 2013. Social Vulnerability to Disasters, Second Edition [M]. Boca Raton: Crc Press.

Todd L, W J, 2000. Distributions for storm surge extremes [J]. Ocean Engineering, 27: 1279-1293.

Toro G R, 2008. Joint probability analysis of hurricane flood hazards for Mississippi [R]. Florida: URS Group Tallahassee.

Toro G R, Niedoroda A W, Reed C W, et al., 2010. Quadrature-based approach for the efficient evaluation of surge hazard [J]. Ocean Engineering, 37 (1): 114-124.

Toro G R, Resio D T, Divoky D, et al., 2010. Efficient joint-probability methods for hurricane surge frequency analysis [J]. Ocean Engineering, 37 (1): 125-134.

UNISDR (United Nations International Strategy for Disaster Reduction), 2009. 2009 UNISDR Terminology on Disaster Risk Reduction [R]. Geneva : United Nations International Strategy for Disaster Reduction.

US Army Corps of Engineers, 1993. Flood proofing: how to evaluate your options: decision tree [R]. US: US Army Corps of Engineers.

Vickery P, Skerlj P, Twisdale L, 2000. Simulation of Hurricane Risk in the U. S. Using Empirical Track Model [J]. Journal of Structure Engineering, 26 (10): 1222-1237.

Watson J, Charles C, 1995. The Arbiter of Storms: A High Resolution, GIS-based System for Integrated Storm Hazard Modeling [J]. National Weather Digest, 20 (2): 2-9.

Webster, P J, Holland G J, Curry J A, et al., 2005. Changes in Tropical Cyclone Number, Duration, and Intensity in a Warming Environment [J]. Science, 309 (5742): 1844-1846.

Wisner B, 2003. At risk: natural hazards, people´s vulnerability and disasters [M]. London: Routledge.

Woo G, 2002. Natural catastrophe probable maximum loss [J]. British Actuarial Journal, 8 (5): 943-959.

Wood, R M, Drayton M, Berger A, et al., 2005. Catastrophe loss modelling of storm-surge flood risk in eastern England [J]. Philosophical Transactions of the Royal Society A: Mathematical, Physical and Engineering Sciences, 363 (1831): 1407-1422.

Yang X, Qian J, 2019. Joint occurrence probability analysis of typhoon-induced storm surges and rainstorms using trivariate Archimedean copulas. Ocean Eng, 171: 533-539.

Yasuda T, Mase H, Kunitomi S, et al., 2011. stochastic typhoon model and ITS application to future typhoon projection [J]. Coastal Engineering Proceedings, 1 (32): management-16.

Yin J, Yin Z, Wang J, et al., 2012. National assessment of coastal vulnerability to sea-level rise for the

114

Chinese coast ［J］. Journal of Coastal Conservation, 16 （1）: 123-133.

Yuan S, Li L, Amini F, et al., 2014. Turbulence Measurement of Combined Wave and Surge Overtopping of a Full-Scale HPTRM-Strengthened Levee ［J］. Journal of Waterway Port Coastal & Ocean Engineering, 140 （4）: 86-95.